U1006229

广东教育学会中小学阅读研究专业委员会

推荐阅读

物理学科素养阅读丛书

丛书主编　赵长林　　　丛书执行主编　李朝明

物理
前沿科学与技术

主编　谢丽英　刘家明　　　副主编　房丽敏　高　洁

SPM 南方传媒
全国优秀出版社
全国百佳图书出版单位
广东教育出版社
·广　州·

图书在版编目（CIP）数据

物理前沿科学与技术 / 谢丽英，刘家明主编 ；房丽敏，高洁副主编．— 广州 ：广东教育出版社，2024.3
（物理学科素养阅读丛书 / 赵长林主编）
ISBN 978-7-5548-4663-6

Ⅰ．①物…　Ⅱ．①谢…　②刘…　③房…　④高…　Ⅲ．①物理学—青少年读物　Ⅳ．① O4-49

中国版本图书馆 CIP 数据核字（2021）第 260288 号

物理前沿科学与技术
WULI QIANYAN KEXUE YU JISHU

出 版 人：朱文清
策 划 人：李世豪　唐俊杰
责任编辑：巩小珂　马文亮　张检武
责任技编：余志军
装帧设计：陈宇丹　彭　力
责任校对：伍智慧
出版发行：广东教育出版社
（广州市环市东路472号12-15楼　邮政编码：510075）
销售热线：020-87615809
网　　址：http://www.gjs.cn
E-mail：gjs-quality@nfcb.com.cn
经　　销：广东新华发行集团股份有限公司
印　　刷：广州市岭美文化科技有限公司
（广州市荔湾区花地大道南海南工商贸易区A幢）
规　　格：787 mm × 980 mm　1/16
印　　张：15
字　　数：300千字
版　　次：2024年3月第1版　2024年3月第1次印刷
定　　价：58.00元

总序

学习物理的门径

由赵长林教授担任丛书主编的“物理学科素养阅读丛书”，述及与中学物理课程密切相关的物理学中的假说、模型、基本物理量、常量、实验、思想实验、悖论与佯谬、前沿科学与技术等方面。丛书定位准确，视野开阔，既有深入的介绍分析，也有进一步的提炼、概括和提高，还从不同的视点，比如说科学哲学或逻辑学的角度进行解读，对理解物理学科的知识体系，进而形成科学的自然观和世界观，发展科学思维和探究能力，融合科学、技术和工程于一体，养成科学的态度和可持续发展的责任感有很大的帮助。丛书文字既深入严谨又通俗易懂，是一套适合学生的学科阅读读物。

丛书的第一个特点是突出了物理学的思想方法。

物理学对于人类的重大贡献之一就在于它在科学探索的过程中逐步形成了一套理性的、严谨的思想方法。在物理学的思想方法形成之前，人们不是从实际出发去认识世界，而是从主观的臆想或者神学的主张出发建立起一套唯心的理论，也不要求理论通过实践来检验。物理学推翻了这种以主观臆测和神学主张为基础的思想方法，在探究自然的过程中开展广泛而细致的观察，在观察的基础上通过理性的归纳形成物理概念，再配合以精确的测量，将物理概念加以量化，进一步探索研究量化的物理规律，形成物理学的理论体系。这种方法将抽象的、形而上的理论与具象的、形而下的实践联系起来，成为人类认识和理解自然界物质运动变化规律的有力武器。物理学的思想方法非常丰富，包含了三个不同的层次。第一是最普遍的哲学方法，如：用守恒的观点去研究物质运动的方法，追求科学定律的简约性等；第二是通用的科学研究方法，如：观察、实验、抽象、归纳、演绎等经验科学方法；第三是专门化的特殊研究方法，即物理学科的规律、知识所构成的特殊方法，如光谱分析法等。物理学方法既包括高度抽象的思辨和具象实际的观察测量，也包括海阔天空的想象。物理学家在长期的科学探索活动中，形成科学知识并且不断地改变人类认识世界的方法，从物理学基本的立场观点到对事物和现象的抽象或逻辑判断，再到一些特有的方法和技巧，这些都是人类赖以不断发展进步的途径。因此，物理学的思想方法就不仅涉及自然，还涉及人和自然的相互作用与对人本身的认识。抓住物理的思想方法，不仅有利于深入理解物理学的知识体系，还有利于形成科学的自然观和世界观，达到立德树人的目标。

丛书的第二个特点是注意引发学生的学习欲望，从而进行深度学习。

现代教育心理学研究告诉我们，在学校环境下学生的学习过程有两个特点[①]：第一，学生的学习和学生本身是不可分离的。这就是说，在具体的学习情境中，纯粹抽象的“学习”是不存在或不可能发生的，存在的只是具体某个学生的学习，如“同学甲的学习”或“同学乙的学习”。第二，学生所采取的学习策略与学习动机是两位一体的，有什么样的动机，就会采取与之相匹配的学习策略，这种匹配的“动机-策略”称为学习方式。也就是说，如果同学甲对所学的内容没有求知的欲望或不感兴趣，那他在学习时就会采取被动应付的态度和马虎了事的策略，对所学内容不求甚解、死记硬背，或根本放弃学习。相反，如果同学乙有强烈的学习欲望或对学习内容有浓厚的兴趣，他就会深入地探究所学内容的含义，理解各种有

① BIGGS J, WATKINS D. Classroom learning: educational psychology for Asian teacher [M]. Singapore: Prentice Hall, 1995.

关内容之间的关系，逐步了解和掌握相关的学习与探究的方法。第一种（同学甲）的学习方式是表层式的学习，第二种（同学乙）的学习方式是深层式的学习。此外，在东亚文化圈的学生中还大量存在着第三种学习方式——成就式的学习，即学生对学习的内容本来没有兴趣和欲望，但为学习的结果（如考试分数）带来的好处所驱动，会采取一些能够获得好成绩的策略（如努力地多做练习题）。在同一个学校、同一间课室里学习的学生，由于他们的动机和策略，也就是学习方式的不同，产生了不同的学习效果。当然，效果还与学生的元认知水平及天资有关。本丛书的作者有意识地提倡深度（深层次）的阅读，书中的大部分内容以问题为引子，用历史故事或相互矛盾的现象，引发读者的好奇，再按照物理发现的思路逐步引导读者探究问题。在这一过程中，注意点明探究和解决问题遵循的思路和方法，达到引导读者进行深度学习的目的。

丛书的第三个特点在于详细、深入、系统地介绍对启迪物理思维有重要作用的相关知识，注意通过知识培养素养。

有的人也许会问，今天的教育是以培养和发展学生的科学素养为核心，知识学习是次要的，有必要花那么多时间来学习知识吗？这种观点是片面和错误的。物理学的成就首先就表现为一个以严谨的框架组织起来的概念体系。如果对物理学的知识体系没有基本和必要的了解，就无法理解物理，无法按照科学的方法去思考和探究。确实，物理学知识浩如烟海，一个人即使穷其毕生之力也只能了解其中的一小部分，就算积累了不少物理知识，但如果不能抓住将知识组织起来的脉络和纲领，得到的也只是一些孤立的知识碎片，不能构成对物理学的整体的理解。然而，物理学的知识又是系统而严谨的。每一个概念以及概念之间的关系都有牢固的现实基础和逻辑依据，从简单到复杂，从宏观到微观，从低速到高速，步步为营，相互贯通，反映了现实世界的“真实”。物理知识是纷繁复杂的，也是简要和谐的。只要抓住了物理知识体系的纲领脉络，就能够化繁为简，找到通往知识顶峰的道路，以理解现实的世界，创造美好的未来，这也是物理学对人类的最大贡献之一。况且，物理学的思想方法是隐含在物理知识的背后，隐含在探索获取知识的过程之中的。对物理学知识一无所知，就不可能了解物理学的思想方法；不亲历知识探索的过程，就不可能掌握物理学的思想方法。学习物理知识是认识、理解、运用物理思想方法的必由之路，也是形成物理科学素养的坚实基础。因此，本丛书在介绍物理学知识中，一是介绍物理学思想方法，帮助读者构建物理学知识体系和形成物理思维，对于培养物理学科素养很有裨益；二是扩大读者的视野，打开读者的眼界，不仅从纵向说明物理学的历史进展，介绍物理学的最新发展、物理学与技术和工程的结合，更重要的是联系科学发展的文化背景、科学与社会之间的互动与促进，认识物理学的发展在转变人的思想、行为习惯和价值观念方面的作用，体会“科学是一种在历史上起推动作用的、革命的力量”①，“把科学首先看成是历史发展的有力杠杆，看成是最高意义上的革命力量”②。

课改二十年过去了。一代又一代人躬身课程与教学研究，探寻、谋变、改革、创新交相呼应。本丛书是这段旅程的部分精彩呈现，相信一定会受到读者欢迎，在“立德树人”的教育实践中发挥它的应有之义。

高凌飚

2023年于羊城

---

① 马克思，恩格斯．马克思恩格斯全集：第19卷［M］．北京：人民出版社，1963：375.

② 马克思，恩格斯．马克思恩格斯全集：第19卷［M］．北京：人民出版社，1963：372.

前言

洞察物理之窗

相对于其他自然科学来说，物理学研究的内容是自然界最基本的，它是支撑其他自然科学研究和应用技术研究的基础学科。物理学进化史上的每一次重大革命，毫无疑义都给人们带来对世界认识图景的重大改变，并由此而产生新思想、新技术和新发明，不仅推动哲学和其他自然科学的发展，而且物理学本身还孕育出新的学科分支和技术门类。从历史上的诺贝尔奖统计情况来看，物理学与其他学科相比，获奖的人数占比更大，从一个侧面说明了这一点。我国新高考方案发布后，物理学科在中学的学科教学地位得以凸显，也正是应验了物理学科特殊的地位。

试举一例。

人们对物质结构的认识，最早始自古希腊时代的“原子说”，这个学说的创始人是德谟克利特和他的老师留基伯。他们都认为万物皆由大量不可分割的微小粒子组成，“原子”之意即在于此。德谟克利特认为，这些原子具有不同的性质，也就是说，在自然界同时存在各种各样性质不同的原子。他的“原子说”虽然粗浅，但现在仍能用来解释固体、液体和气体的某些物理现象。到了17世纪，人们的认识不再囿于纯粹的思辨和假说，各种实验、发现和发明纷至沓来。1661年，英国的物理学家和化学家玻意耳在实验的基础上提出“元素”的概念，认为“组成复杂物体的最简单物质，或在分解复杂物体时所能得到的最简单物质，就是元素”。现在化学史家们把1661年作为近代化学的开始年代，因为这一年玻意耳编写的《怀疑派化学家》一书的出版对后来化学科学的发展产生了重大而深远的影响。玻意耳因此还成为化学科学的开山祖师、近代化学的奠基人。玻意耳认为物质是由各种元素组成的，这个含义与我们现在的理解是一样的。至今我们已经找到了100多种构成物质的元素，列明在化学元素周期表上。

把原子、元素概念严格区别开来，提出“原子分子学说”的是道尔顿和阿伏加德罗。道尔顿认为，同种元素的原子都是相同的。在物质发生变化时，一种原子可以和另一种原子结合。阿伏加德罗把结合后的“复合原子”称作“分子”，认为分子是组成物质的最小单元，它与物质大量存在时所具有的性质相同。

到了19世纪中叶，有关原子、元素和分子的概念已被人们普遍接受，这为进一步研究物质结构打下了坚实的基础。

19世纪末，物理学家们立足于对电学的研究，不断思考物质结构的问题。最引人注目的发现主要有：德国物理学家伦琴利用阴极射线管进行科学研究时发现X射线；法国物理学家贝可勒尔发现了天然放射性；英国物理学家汤姆孙发现了电子。这三个重大发现在前后三年时间内完成，原子的“不可分割性”从此寿终正寝，科学家的思维开始进入原子内部。

迈入20世纪后的短短几十年间，物理学家对原子结构的探索可谓精彩纷呈，质子、中子、中微子、负电子等多种粒子的发现，不仅证实了原子的组成，而且还证实了原子是能够转变的！在伴随着科学家绘制的全新原子世界图景里，能量子、光量子、物质波、波粒二象性、不确定关系等这些与物质结构联系在一起的概念已经让人们对自然世界有了颠覆性认识！

以上是从物理学家对物质结构探索这个基本方面梳理出的一个大致脉络。循着这条线索，我们能感受到物理学在自然科学研究中所产生的强大推动力。物理学研究自然界最基本的东西还有很多方面，比如时间和空间的问题等，有兴趣的读者不妨仿照以上方式进行梳理。正是物理学对自然界这些最基本问题的不断探索所形成的自然观、世界观、方法论，引领其他自然科学的发展，对科学技术进步、生产力发展乃至整个人类文明都产生了极其深刻的影响。在这里，尤其要提到的是，以量子物理、相对论为基础的现代物理学，已经广泛渗透到各个学科和技术研究领域，成就了我们今天的生活方式。

接下来谈谈物理学的基本研究思路体系，请看图1：

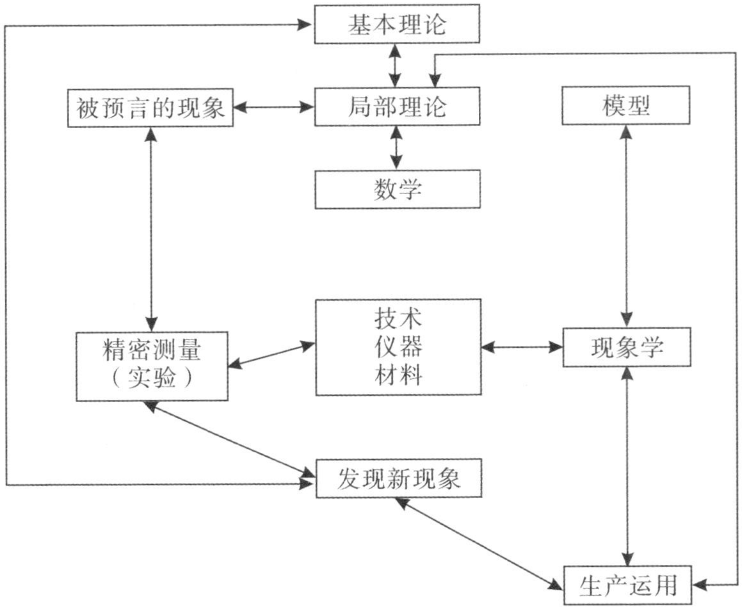

图1　物理学基本研究思路体系示意图

如果我们把这个体系看成是一个活的有机体，每个方框代表这个有机体的一个“器官”，想象一下这个有机体的生存和发展，还是很有趣的。在这个体系中，各个不同的部分互相依存，它们代表着复杂的相互作用系统，并随着时间而进化。如果切除某个“器官”，这个有机体就难以存活下去。对这种比喻性的理解，有助于我们看清物理学的基本研究思路体系的本来面目并加以重视。在理论方面，你也许会想起牛顿、麦克斯韦、爱因斯坦；在实验方面，你也许会想起伽利略、法拉第、卢瑟福；在数学方面，你也许会想起欧几里得、黎曼、希尔伯特。无论你从哪个“器官”想起谁，都会感受到这些科学家在源源不断地通过这些“器官”向这个有机体输送营养，也许未来的你也会是其中的一个。

现在，中学物理课程和教材体系基本上依照上述体系构成。为了强化对这个体系的理解，在这里有必要强调一下理论和实验（测量）的问题。二者构成物理学的基本组成部分，它们之间是对立与统一的关系。理论是在实验提供的经验材料基础上进行思维建构的结果，实验是在理论指导下，在问题的启发下，有目的地寻求验证和发现的实践活动。理论和实验发生矛盾时，就意味着物理学的进化，矛盾尖锐时，就意味着理论将有新的突破，表现为物理学的“自我革命”。一个经典的事例就是发生在20世纪之交物理学上空的“两朵乌云”［英国著名物理学家威廉·汤姆孙（开尔文勋爵）之语］。他所说的“第一朵乌云”，主要是指迈克耳孙–莫雷实验结果和以太漂移说相矛盾；“第二朵乌云”主要是指热学中的能量均分定理在气体比热以及热辐射能谱的理论解释中得出与实验数据不相符的结果，其中尤其以黑体辐射理论出现的“紫外灾难”最为突出。正是这“两朵乌云”，导致了现代物理学的诞生。但是从物理学的发展历史来看，我们绝不可因此否认进化对物理学发展的重大意义。实际上，正是由于如第4页图中所展示出来各要素之间的相互作用，物理学才会处于进化与自我革命的辩证发展中。

上面谈及的两个方面可以说是引领你进入物理学之门的准备知识，希望因此引起你对物理学的好奇，进而学习物理的兴趣日渐浓厚。要系统掌握物理学，具备今后从事物理学研究或相关工作的关键能力和必备品格，我们必须借助物理教材。教材是非常重要的启蒙文本，它是根据国家发布的课程方案和课程标准来编制的，大的目标是促进学生全面且有个性的发展，为学生适应社会生活、职业发展和高等教育作准备，为学生的终身发展奠定基础。现在的物理教材非常注重学科核心素养的培养，主要体现在物理观念、科学思维、科学探究、科学态度与责任四个方面。在这四个方面中，科学思维直接辐射、影响着其他三个方面的习得，它是基于经验事实建构物理模型的抽象概括过程，是分析综合、推理论证等方法在科学领域的具体运用，是基于事实证据和科学推理对不同观点和结论提出质疑和批判，进行检验和修正，进而提出创造性见解的能力与品格。科学思维涉及的这几个方面在物理学家们的研究工作中也表现得淋漓尽致。麦克斯韦是经典电磁理论的集大成者。他总结了从奥斯特到法拉第的工作，以安培定律、法拉第电磁感应定律和他自己引入的位移电流模型为基础，运用类比和数学分析的方法建立起麦克斯韦方程组，预言电磁波的存在，证实光也是一种电磁波，从而把电、磁、光等现象统一起来，实现了物理学上的第二次大综合。在这里，我们引用麦克斯韦的一段原话来加以注脚和说明是合适的：

> 为了不用物理理论而得到物理思想，我们必须熟悉物理类比的存在。所谓物理类比，我指的是一种科学的定律与另一种科学的定律之间的部分相似性，它使得这两种科学可以互相说明。于是，所有数学科学都是建立在物理学定律与数的定律的关系上，因而精密的科学的目的，就是把自然界的问题简化为通过数的运算来确定各个量。从最普遍的类比过渡到部分类比，我们就可以在两种不同的产生光的物理理论的现象之间找到数学形式的相似性。

这几年，我和粤教版国际高中物理教材的编写与出版打起了交道。在工作中深感教材编写工作责任重大，在教材中落实好学科核心素养并不是一件容易的事情。作为编写者，必须对物理学的世界图景独具慧眼，尽可能做到让学生“窥一斑而知全豹，处一隅而观全局”，还要有“众里寻他千百度，蓦然回首，那人却在灯火阑珊处”的感悟。渐渐地，我心中萌生起以物理教材为支点，为学生编写一套物理学科素养阅读丛书的想法。经过与我的同门学友、德州学院校长赵长林教授充分探讨后，我们将选材视角放在了物理教材涉及的比较重要的关键词上——七个基本物理量、假说、模型、实验、思想实验、常量、悖论与佯谬、前沿科学与技术，试图通过物理学的这些“窗口”让学生跟随物理学家们的足迹，领略物理学的风景，从历史与发展的角度去追寻物理学科核心素养的源泉。这些想法很快得到了来自高校的年轻学者和中学一线名师的积极呼应，他们纷纷表示，这是一个对当前中学物理学科教学“功德无量”的出版工程，非常值得去做，而且要做到最好。令我感动的是，自愿参加这个项目写作的作者经常在工作之余和我探讨写作方案，数易其稿，遇到困惑时还买来各种书籍学习参考。最值得我高兴的是，赵长林教授欣然应允我的邀约，担任丛书主编，在学术上为本丛书把脉。在本丛书即将付梓之时，我代表丛书主编对这个编写团队中相识的和还未曾谋面的各位作者表示衷心的感谢，对大家的辛勤劳动和付出致以崇高的敬意！

本丛书的出版得到了广东教育学会中小学生阅读研究专业委员会和广东省中学物理教师们的大力支持，在此一并致谢！

李朝明

2023年11月

目录

1 微观世界
——有最小的物质单元存在吗

2 高速世界
——像光一样快，会发生什么

6 新能源技术
——环保与发展

7 信息处理技术
——一切在计算之中

8 通信技术
——我想对你说

9 航天技术
——目标是日月星辰

10 物理医疗技术
——让疾病无处可藏

1 微观世界

——有最小的物质单元存在吗

人们很早就思考，如果把一个物体一直分割下去，能否无限地分割？能否找到组成物质的最小单元？从早期最朴素的“元气”说，到当今蓬勃发展的粒子物理学，人们探索微观世界的脚步仍然没有停止。

1.1 “基本”粒子基本吗

在信息化时代，我们每天只要打开电视机或者智能手机，就会有海量的信息扑面而来，有国内外时事新闻、体育赛事、科技动态等。你们是否有过打开电视机看到某则重大新闻之后一脸困惑、不知所云的经历？什么？新闻还有看不懂的？是的，如果我们没有丰富的科技常识，今后或许在某些重大科技新闻面前会显得尴尬。下面一些消息是编者根据2013年3月16日江苏公共电视台播报的新闻做的文字整理，如果你能找到这条新闻视频，不妨观看一遍，体验一下这样的科技新闻你有没有看不明白的地方。

1.1.1 一则科技新闻：神秘的希格斯玻色子

2013年3月14日，欧洲核子研究中心发布公告称，对更多数据的分析显示，该中心2012年宣布发现的一种新粒子，看起来越来越像希格斯玻色子。科学家分析了比2012年多两倍半的数据，计算新粒子的量子特性以及它与其他粒子之间的相互作用，结果强有力地表明它就是希格斯玻色子。但是，欧洲核子研究中心表示，目前还无法判断它到底是标准模型中的希格斯玻色子，还是其他理论预测的好几个最轻的玻色子的组合。要弄清这个问题，还需要大型强子对撞机收集更多数据，对各种衰变模式进行分析，找到这个答案需要时间。物理学标准模型预言了62种“基本”粒子的存在，其中61种粒子都为实验所证实，只有希格斯玻色子未得到确认。

看完这段振奋人心的科技新闻之后，你是不是觉得新闻里面包含的信息量很大？是不是对其中提到的如希格斯玻色子、强子对撞机、物理学标准模型、“基本”粒子这些“怪物”还有些陌生？新闻里还提到62种“基本”粒子中的61种粒子都为实验所证实，你觉得是这样吗？看来，要弄明白这是怎么回事，还得从人们对物质微观结构的探索说起。

1.1.2 “基本”粒子的由来

相信你一定听说过古今中外人们关于物质的本源、原始微粒的探索，对了，这就是哲学家、科学家关于组成物质的原子的探究，这段历史在中学课本里已有了大概的介绍，我们直接跳过，从近代科学原子论说起。

1803年，英国科学家道尔顿（J.Dalton）提出了近代原子学说，认为原子是组成物质的最小微粒，是不可再分的实心球体。可是，过了不到一百年，于1897年，英国另一位科学家J.J.汤姆孙（J.J.Thomson）发现了比原子更小的粒子——电子，一些科学家还把这么小的粒子的质量、半径、电荷量都给弄清楚了。这在人们探索物质最小微粒的历程中是一件破天荒的事，原来人们一直相信了两千多年关于组成物质的原子，居然还不算是最小的粒子。是不是有人还想继续找下去呢？敢不敢把电子敲开看看有没有比它更小的粒子呢？人们一直都在想，就是不知如何下手。别急，组成原子的部分，除了带负电荷的电子，还有带正电荷的原子核呢。于是乎，人们很快又撞开了原子核，后来的事情你也知道了，原子核也不是最小实心的球体，原子核里面还包含一定数量的质子和中子。

随着质子和中子的相继发现，人们以为电子、质子和中子就是自然界中的“基本”粒子了。不过，经历过发现电子这件事情之后，人们变得谦虚谨慎起来，再也不敢轻言谁是最小的粒子了。一时间，科学家们就这样马不停蹄地开动各种实验仪器，继续寻找比质子、中子更小的粒子。整个20世纪，物理学界可谓热闹非凡，好消息不断，科学家们井喷式地陆续预言和发现了200多种“基本”的粒子，其中包括正电子、正反中微子、正反夸克、胶子、中间玻色子、介子、超子等，也因此涌现出一大批诺贝尔物理学奖获得者。那么，这些微观粒子是否都是自然界的最小粒子呢？非也。物理学界根据规范场论认定的“基本”粒子共62种，而上述新闻中提到的那个神秘粒子——希格斯玻色子就是这个家族中的一员。那么，当今“基本”粒子大家族中的62名成员都有谁呢？为什么是这62名？物理学家给它们定了什么家规吗？

1.1.3 “基本”粒子家族及其家规

20世纪前半叶，随着人们对物质微观世界的深入研究，大量的“基本”粒子被发现，一时间在粒子物理学界出现了纷繁复杂如战国纷争的混乱局面。科学界不得不思考这些如雨后春笋般冒出来的粒子有没有什么本质规律。比如，它们来自哪里？出现在什么地方？于是，科学家们选准了一个角度，蹲守这些粒子参与自然界基本相互作用的情况，寻找一个统一描述它们的规则。1918年，德国数学家外尔（H.Weyl）受到广义相对论协变导数思想的启发，用更广义的协变导数取代普通导数，简化了电磁场理论的麦克斯韦方程组，发现可以得到电磁场量在标度变换下的不变性，提出规范变换思想。1941年，科学家泡利（W. Pauli）从量子力学的角度对这一变换进行总结，指出电磁场阿贝尔规范变换理论保证了电磁相互作用中粒子的电荷守恒。

受到规范变换思想的震撼和吸引，1954年，物理学家杨振宁与米尔斯（R.L.Mills）推广了电磁场理论中的规范不变性，引入非阿贝尔规范场论构建原子核中的核子强相互作用模型。后来，以规范场论为基础，科学家们陆续将强相互作用、弱相互作用、电磁相互作用统一建立了一套数学形式化架构，即标准模型，共有61种“基本”粒子符合这个模型的理论描述，其中包括难以寻找的希格斯玻色子。可以说规范场论和标准模型为20世纪物理学界爆发的众多“基本”粒子定了家规，其家族中61名成员包括36种夸克、12种轻子、13种玻色子。

图1-1 标准模型的“基本”粒子族谱

1.1.4 令人放心不下的“基本”粒子

虽然说标准模型统一了“基本”粒子家族，结束了“基本”粒子混乱的局面，甚至可以认为粒子物理学的盛宴已经结束，但是，引力子这个粒子迟迟未露面。科学家们根据引力场论预言了引力子的存在，甚至把引力子降生的模样都描画好了，说它是规范玻色子，为了它，人们宁可把现有的标准模型进行扩展，为的是让粒子家族62名成员终能聚首。但是，这个神秘的引力子始终不知道在哪儿，由于描述引力场理论的广义相对论也属于规范场论，这让物理学界对规范场论和粒子物理学有点放心不下。另外，考虑到物质无限可分的哲学思想以及20世纪粒子物理学的惊天变局，谁还敢轻言以上这些“基本”粒子就一定是最小的呢？那么，这些“基本”粒子还有没有可能继续拆开？用什么拆开？答案也许是：没有最小，只有更小。

1.2 谁来轰开原子核

我们在上一节中了解了科学家探求“基本”粒子的过程。其中，我们谈到，在推翻了认为原子是组成物质的最小粒子的学说后，科学家们对待“基本”粒子的态度变得亢奋而又谨慎起来。通过积极探索，他们很快就轰开了原子核，对“基本”粒子的探索更进了一步。我们知道原子核的半径非常小，其半径的数量级为10^{-15}～10^{-14} m。对此，你的脑海里是不是早就浮现出了一个问题，如此小的原子核，科学家是怎么轰开的呢？

1.2.1 杨振宁与王贻芳的对撞机之争

在大型粒子对撞机上找到了希格斯粒子之后，国内的科学家更加肯定了高能粒子对撞机对高能物理发展的重要性。不久，中国科学院高能物理研究所就提出要建造我国的环形正负电子对撞机（CEPC），这引起了中国物理学界激烈的争论，其中最著名的就是“杨王”之争。中国科学院高能物理研究所所长、中国科学院院士王贻芳是这个项目的主要发起人，他极力赞成现在就开始建造环形正负电子对撞机。该对撞机建成后，中国在高能物理研究方面将会取得领先地位，能吸引大量的优秀人才，为我国物理发展提供强大动力，而且大型粒子对撞机依然是目前研究高能物理学的一种有效工具，中国作为大国，是不能缺少这样的大型设备的。

那为何建造大型粒子对撞机这样具有深远意义的事会遭到诺贝尔奖获得者、著名物理学家杨振宁先生的坚决反对呢？原来早在20世纪70年代，杨振宁就反对中国建大型对撞机。杨先生认为用超大型的高能粒子对撞机发展高能物理学的时代已经过去，高能物理的前途不在于建造大型对撞机本身，因为这样的建造是盲目的，中国仍然是发展中国家，还有其他更有前景的方向值得我们去探索，一意孤行地建造大型粒子对撞机不仅劳民伤财，还很有可能没有任何有用的产出。2016年9月4日，《知识分子》刊发了杨振宁先生的文章《中国今天不宜建造超大对撞机》，文章结合我国的实际情况，从建造超大对撞机的科研经费、预期成就、必要性等七个方面论证了中国今天不宜建造超大对撞机。

然而，即便面对杨振宁先生的质疑，王贻芳院士也毫无放弃之意。他对杨先生文章中反对的理由一一给出了具体的回应。他认为粒子物理研究并没有走到尽头，如今的中国也已经崛起了，足够强大，是时候为全人类的基础科学作出贡献，承担应有的责任。所以，中国建造大型粒子对撞机，今天是最好的时机！即使这个项目曾被暂缓推进，但在王贻芳院士等人的努力下，这个项目不仅没有夭折，而且在持续推进，2018年9月2日，高能环形正负电子对撞机加速器概念设计报告正式发布，这是CEPC项目取得重大历史性进展的标志。

当看完这一起激烈的“杨王”之争，在激动之余，你是不是对这场物理大咖交锋的主角环形正负电子对撞机有着极大的兴趣？是不是想搞清楚其中谈到的环形正负电子对撞机是何物？它有何用处，又与轰开原子核有何关系？

1.2.2 谁来轰开原子核?

1909年，卢瑟福（E. Rutherford）与他的助手及学生为了验证J.J.汤姆孙的原子模型，进行了著名的α粒子散射实验，实验利用天然放射性物质发射出来的快速α粒子轰击金箔，通过实验现象，得到了原子的核式结构。更重要的是，科学家们似乎意识到了若将高速的粒子作为“炮弹”轰击原子核和其他微观粒子，可以得到令人兴奋的现象。果然，在1919年，卢瑟福利用天然放射源放出的α粒子轰击氮原子核，发现了质子，实现了第一次人工原子核反应。从这时开始，科学家们就提出了用人造快速粒子源来轰开原子核的设想，并乐此不疲地探索制造快速粒子源的方法。被称作轰击原子核的大炮的粒子加速器就是在这种背景下制造和发展的。粒子加速器，全名为“荷电粒子加速器”，是使带电粒子在高真空场中受磁场力控制、电场力加速而达到高能量的特种电磁、高真空装置，是人为提供各种高能粒子束或辐射线的现代化装备。简单地说，粒子加速器就是利用人工方法产生快速带电粒子束的装置。通过上面的解释，想必你一定知道了轰开原子核的“武器”正是粒子加速器，但你知道粒子加速器的构造和类型吗？你是否还想知道它如何加速带电粒子？

1.2.3　粒子加速器家族

通过上文的介绍，我们知道了粒子加速器其实就是一种加速带电粒子的装置。粒子加速器离不开粒子源、真空加速系统、聚焦系统三个部分。粒子源的功能是提供被加速的带电粒子，这些粒子可以是电子、正电子、质子、重离子等。真空加速系统的主要部分是一定形态的加速电场，系统内必须是高度真空的，这是为了避免粒子在加速时受空气分子散射的影响。聚焦系统的作用是约束被加速的粒子束，使这些粒子束在预定轨道接受电场的加速，这一般是利用一定形态的电磁场来实现的。其实，要让带电粒子加速并不困难，只需要加适当的电场即可。但现实的情况是，仅用简单的方法难以获得更大速度、更高能量的粒子，因为会受到很多限制。于是，科学家们就通过不同的方式设计粒子加速器，一步步突破限制，丰富了粒子加速器家族。下面介绍几种典型的粒子加速器。

1）直流高压加速器

直流高压加速器就是通过一个高压电源在真空加速管电极之间提供高压静电场来加速带电粒子的加速器。这也是最基本的粒子加速器，这种加速器的原理非常容易理解。我们都知道在两个极板之间加上电压，带电粒子通过这两个极板时就可以被加速，从而使带电粒子获得能量，极板所加的电压越大，粒子通过极板后所获得的速度也就越大。高压加速器的原理虽然简单，但大部分高压加速器的高压电极只能加速粒子一次，最重要的是还会受到高压击穿的限制，所以这类加速器不足以产生更高能量的粒子。

2）经典（常规）回旋加速器

为进一步提高粒子加速器加速粒子的能力，将粒子的能量提高到更高的水平，科学家提出了多次加速带电粒子的设想，基于这种设想，科学家们很快设计并建造出了可以累积加速的直线加速器。但是，想利用这种加速器获得很大的能量，需要大大地增大加速器的尺寸，并且加速效率很低。

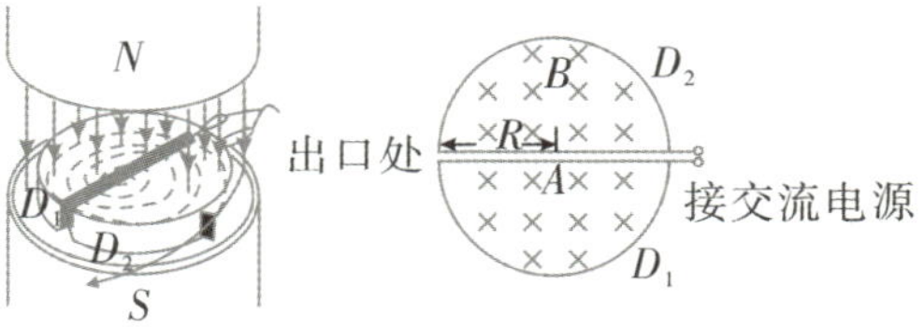

图1-2　经典（常规）回旋加速器原理图

基于共振直线加速器的设计原理，美国物理学家劳伦斯（E.O.Lawrence）创造性地提出并研制了第一台回旋加速器。如图1-2所示，回旋加速器的两个磁极之间有真空室，里面装有两个半圆形的空盒状金属电极，两个D形电极之间的空隙（加速间隙）产生高频电场。在真空室中心的加速间隙中安装粒子源。D形电极内部则无高频电场，粒子进入D形电极之内就不会被加速，因而在恒定的磁场作用下做圆周运动。在非相对论的情况下，同一粒子在恒定均匀的磁场中运动时，其运动的周期与速度无关（可以利用洛伦兹力相关知识验证），是一个常数。所以，在恒定的磁场作用下做圆周运动只要粒子回旋半圆的时间等于加速电压半周期的奇整数倍，就能够使被加速的带电粒子沿圆形轨道旋转，并多次反复地通过特定频率的加速场，从而获得累积加速。但在相对论的情况（这里主要是指粒子能量比较高时）下，在恒定均匀的磁场中，粒子的回旋周期会发生改变，这就失去了原来的平衡，限制了粒子速度的进一步提高。后来的科学家基于自动稳相原理发明了同步回旋加速器，解决了这一难题。

3）粒子对撞机

粒子对撞机就是将两个粒子分别加速后相向碰撞，使高能粒子进行反方向运动并发生对撞作用的机器。那为何要让粒子对撞呢？原来，1960年，意大利科学家陶歇克（B.Touschek）提出粒子对撞机原理，这个理论指出，用高能粒子轰击静止靶（粒子）时，只有质心系的能量才是粒子相互作用的有效能量，也就是对高能粒子的能量利用率很低。如果采用迎面碰撞，就能极大地提高粒子相互作用的有效能量。这个理论很快就被证实，粒子对撞机也就应运而生。

上面介绍的三种粒子加速器只是粒子加速器家族中比较重要的或者说是具有革命性意义的加速器的代表，在粒子加速发展的这一百年里，粒子加速器家族早已“人丁兴旺”。不仅如此，科学家在探索粒子加速器的这一百年间，提出的自动稳相原理、强聚焦原理、对撞机原理构成了粒子加速器的三大革命性原理，这稳固了粒子加速器的根基。

1.2.4 粒子加速器的未来

在过去的不足一百年里，粒子加速器可以说是飞速发展，但科学家们并没有停下追求更高能量、更高加速效率的粒子加速器原理和技术的脚步。因为，高能物理和粒子物理还没有走到尽头，还有许多需要解决的问题，而能产生更高能量粒子的粒子加速器依旧是解决这些问题的有效方法。其实，粒子加速器在医学、化工、环保等领域也有广泛的运用，它们也会是未来粒子加速器发展的一部分。所以，如果你问粒子加速器的发展何时终止，答案也许是：永无止境！

（高洁、彭建涛撰写）

2 高速世界

——像光一样快，会发生什么

欢迎来到高速世界！

虽然日常生活中有很多风驰电掣的交通工具，如跑车、高铁、飞机等，但它们的速度与本章要谈的速度相比，还远远算不上高速。在物理学中，谈到高速问题的时候，通常指的是光速（真空中光速为$c\approx3\times10^8$ m/s）或者接近光速（如0.8 c）。

光速非常快，日常生活中我们很难察觉到它的速度（光1秒大概能绕地球赤道7圈半）。那么，这么快的速度是怎么测量出来的呢？

这在历史上是一个非常具有吸引力的挑战。它的测量结果也随着科技的进步而不断精确。在工业时代，物理学家巧妙地构思了一种基于机械运动的旋转棱镜法（通过转动镜子，使得只有某些特定转速的时候，才能看到光，从而去推算光速），成功地测出了光速，不过误差还比较大。等到激光问世（1960年第一台红宝石激光器问世）之后，人们利用波长与频率的关系，也推算出了光速，而且其精度有了大幅提升（因为激光的单色性很好，它的频率几乎是单一的，以此换算非常准确）。到最后，国际计量大会规定了真空中的光速为c=299 792 458 m/s，光速的测量历史到此结束。

可能你会觉得奇怪，为什么可以规定光速的值？难道不能测得更准确吗？

其实这里有一个思路上的转变。以前人们是规定了“1米”的大小，再去测量“光速”；而规定“光速”的大小则是反过来，“米”的大小不再是以前的定义了（不用米原尺了），而是由“光速”和“秒”的定义反推出来。

那么，难道真空中的光速就不会变吗？任何情况下都一样？

是的。它的理论依据是大名鼎鼎的狭义相对论。

狭义相对论中有一个基本原理——光速不变原理。即，真空中的光速相对于任一惯性参考系且沿任一方向都是一样的，并且与光源的运动无关。这个看似不可思议的原理，却可以说明迈克耳孙-莫雷实验中“以太”测量的零结果，符合现实情况。

据说它萌芽于一个非常富有想象力的问题：当以光的速度追赶一束光的时候，会看到什么呢？

这个问题曾一度困扰青年时期的爱因斯坦（A.Einstein）。

以日常的生活经验来讲，若两个人以同一速度朝同一方向跑步，那么这两个人都会感觉对方相对于自己好像是不动的；再如开车经过树林的时候，在车上看起来，树木像是往后退的。那么，如果以光的速度运动，看到的光又会是怎样的呢？

经过若干年反复琢磨，睿智的爱因斯坦找到了答案，在1905年发表了著名的《论动体的电动力学》（即狭义相对论），提出了上文中的光速不变原理。相对论是解决一切高速运动（接近光速）问题的理论基础。

如今，距相对论发表已有一百多年，相对论的理论体系也已比较完善。故本章接下来介绍的内容可能算不上非常前沿，但是我们会着力介绍一些常见的相对论书籍中不常讨论的问题，希望对你有所启发。

2.1 轻松入门狭义相对论

为了更好地理解后续讨论的问题，我们打算先简单介绍一下狭义相对论的基础知识。如果你已经对狭义相对论有了一定的了解，也可以跳过本节，直接看后面的内容。

相传爱因斯坦发表相对论初期，曾有记者问爱丁顿（A.S.Eddington，1919年率领观测队验证广义相对论的剑桥大学天文台台长），听说全世界只有3个人懂相对论？爱丁顿想了一下回答，我在想第三个人是谁呢？

这当然是一段调侃的逸闻趣事。当今从事相对论研究的科研人员并不少，总不见得这么多人都比当时的物理学家们聪明吧！

其实当初说“不懂”相对论，更多的意思是“不信”，因为它颠覆了以往的理论框架。想想上面提到的光速不变原理，它在牛顿（I.Newton）力学理论体系里面就很难理解，在日常生活中也很难呈现出来（日常低速情况下，不同参考系的观察者之间通常满足伽利略变换关系，它比狭义相对论中要求的洛伦兹变换要简单；不过，在低速时，洛伦兹变换可以近似为伽利略变换，因此它的适用范围更广）。

而牛顿的理论体系已经在日常生活中获得了很大的成功，因此，如果没有得到实验证实，科学界当然是不会采纳相对论的。这也是科学家们严谨的求是风格决定的。值得一提的是，相对论被证实并不意味着牛顿体系就要完全抛弃，只是我们会给它限制适用范围。如果以后有新的实验现象与相对论相违背，那相对论也不会被完全否定，而是我们需要再限制它的适用范围。科学的发展就是这样。

那么怎么去理解狭义相对论的基本内容、典型现象呢？

不得不说，要精通狭义相对论是有一定难度的。它至少需要你对高维向量有一定的了解，以及掌握高等数学的知识。但是去了解狭义相对论的常见特点和现象，却不一定会碰到那么复杂的运算。在本节中，我们主要采用加减乘除这些简单的运算，带领大家做个轻松的入门。

首先，我们要认可狭义相对论的两个基本原理（所谓原理，就是在该体系下不需要证明而需要直接假定它们是成立的）。其中一个就是上文提到的光速不变原理；而另一个是狭义相对性原理，即所有惯性参考系都是等价的，物理规律在这些参考系中都能表示为相同的形式。相对性原理体现了物理学家追求的物理规律的普适性。

然后，让我们考虑以下这个思想实验。

设有一个可视为静止的观察者A，他看到一个沿x方向运动、速度为v的飞行器（飞行器腔内高度为h）；在飞行器上有另一个观察者B，他相对于飞行器静止；在飞行器上装有一个激光发射器且其上方装有一面镜子，如图2-1所示。

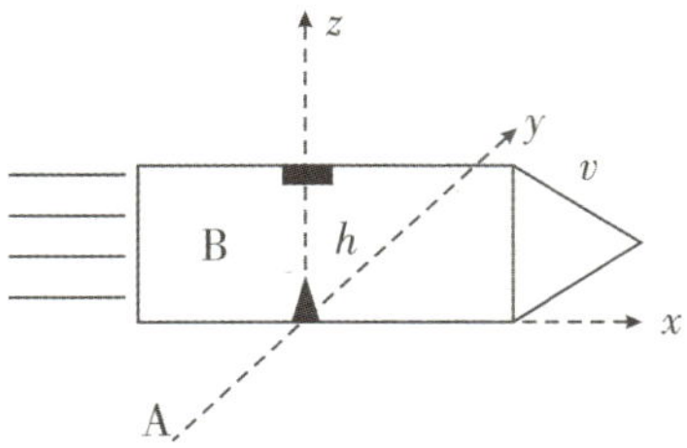

图2-1 观察者A参考系中的飞行器示意图

现在，让激光发射器朝上方的镜子发射一束光脉冲，那这段光脉冲经镜子反射后应该会再回到激光发射处。在观察者B看来，光脉冲是竖直上下传输的，那么从发射到返回所需的时间为

$$\Delta t_B = \frac{2h}{c} \qquad (2\text{-}1\text{-}1)$$

但是，在观察者A看来，激光发射器、镜子都在运动，光脉冲经过的路径应该是一条折线，如图2-2所示。

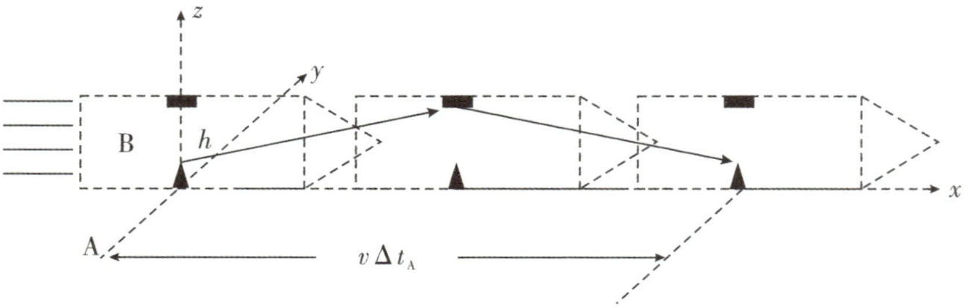

图2-2　观察者A看到的光脉冲传输过程

由于在观察者A看来，光脉冲的速度也是c，那么，由图中三角形的几何关系，有

$$h^2 + \left(\frac{v\times\Delta t_A}{2}\right)^2 = \left(c\times\frac{\Delta t_A}{2}\right)^2 \qquad (2\text{-}1\text{-}2)$$

其中Δt_A是在观察者A看来，光脉冲从发射到返回所需的时间。

联立式（2-1-1）及式（2-1-2）并消去h，得

$$\Delta t_B = \Delta t_A\sqrt{1-\left(\frac{v}{c}\right)^2} \qquad (2\text{-}1\text{-}3)$$

由于飞行器的运动速度$v<c$，则$\sqrt{1-\left(\frac{v}{c}\right)^2}<1$，因此$\Delta t_B<\Delta t_A$。即，在运动物体自身的参考系中的时间间隔，是要比在静止物体的参考系中的时间间隔小的。换句话说，运动物体自身参考系的钟要走得慢一些。这便是狭义相对论中著名的钟慢效应。

从这个案例可以看到，相对论的效应似乎跟我们日常生活的体验不相符。但其实我们日常没感觉到各处的钟走的快慢有

何不同，只是因为它们的差别非常小。从式（2-1-3）可知，如果$\frac{v}{c}\ll 1$，那么$\Delta t_B \approx \Delta t_A$。

其实，相对论的一些应用已经进入我们的日常生活，只是大家没有明显察觉到。例如，全球定位系统卫星每天都会基于相对论的原理对它的时钟进行微调（几十微秒；虽然很小，但如果不调整，那日积月累下来，误差将会非常大），以保证定位精度。

相对论不只会导出时间上的钟慢效应，它还会对空间产生影响。一般来说，相对论会导致时空之间发生关联，时间与空间并不是相互无关的。这一点与牛顿的绝对时空观完全不同。

从数学上讲，由相对性原理和光速不变原理可以导出时空之间满足洛伦兹变换（这里我们忽略推导过程，直接给出结论；读者只需对它的形式有一定了解和认识即可，更详细的推导可以参考其他相对论的书籍）：

$$\begin{cases} x'=\dfrac{x-vt}{\sqrt{1-\left(\dfrac{v}{c}\right)^2}}, \\ y'=y, \\ z'=z, \\ t'=\dfrac{t-\dfrac{v}{c^2}x}{\sqrt{1-\left(\dfrac{v}{c}\right)^2}}. \end{cases} \tag{2-1-4}$$

其中（x'，y'，z'，t'）是以速度v（在静止参考系看来）沿x方向运动的参考系上观察到的时空坐标，而（x，y，z，t）是静止参考系所观察到的相应的时空坐标。

如果是宏观低速的情况 $\left(\frac{v}{c}\ll 1\right)$，那么式（2-1-4）可近似为

$$\begin{cases} x'=x-vt, \\ y'=y, \\ z'=z, \\ t'=t. \end{cases} \qquad (2\text{-}1\text{-}5)$$

即经典力学中的伽利略变换。这时各参考系观测到的时钟快慢是一样的，与我们日常生活经验相符。

从洛伦兹变换还可以导出与钟慢效应齐名的尺缩效应。如考虑一沿x方向以速度v运动的尺子（在静止参考系下），尺子的两端坐标分别为x_1和x_2，则有

$$x'_2-x'_1=\frac{x_2-x_1}{\sqrt{1-\left(\frac{v}{c}\right)^2}} \qquad (2\text{-}1\text{-}6)$$

其中x_2-x_1（尺子两端坐标相减）表示在静止参考系下看到的尺子长度；而$x'_2-x'_1$表示在随尺子运动的参考系下看到的尺子长度。由于$v<c$，则$\frac{1}{\sqrt{1-\left(\frac{v}{c}\right)^2}}>1$，故$x'_2-x'_1>x_2-x_1$。也就是说，在静止参考系看运动物体的长度，是要比该物体静止时（在以该物体为参照物的参考系下）看到的长度要小的。故名之为尺缩效应。

当然，本节只是介绍了相对论很少的一部分，主要是为读者更好地理解后面的章节做铺垫，如果读者对相对论感兴趣，不妨再找相关的专业书来看看。

2.2 高速运动物体看起来是压扁了吗

先声明一下，我们这里讲的“看”，不是指直接用眼睛去看。因为人眼直接观察高速物体，太不靠谱了！

人眼的生物学结构决定了在某个时刻视野中能真正看清的就只有一个点，而其他区域都是逐渐模糊的（因为在漫长的进化过程中，并不需要全部看清楚就能够使人类很好地存活下来，因此目前的构造是比较节省能量的）。如果是日常的普通情况，人眼可以通过灵活转动来弥补这一不足，但对于高速运动的物体，人眼是反应不过来的。

此外，人眼的视网膜神经、大脑神经需要响应时间（大约0.1秒），而且有视觉残留效应，即使物体离开了，人眼还会感觉它在原处一段时间，这样看到的高速物体的形象跟物体真实的情况肯定相差很远。

因此，综合以上种种原因，我们不选用眼睛直接观察，而是采用仪器去记录，如通过望远镜进行拍照。当然，拍照也会有设备的响应时间，但为了方便讨论，这里我们就假定它是能够瞬间完成拍照的情况吧！

在上一节我们介绍了狭义相对论的洛伦兹变换，以及著名的尺缩效应。不过，如果你以为一个高速运动的物体看起来就像是把静止时的它压扁的话（直接按尺缩效应计算），那就想得太简单了。

事实上，在尺缩效应的计算中，是计算了同一时刻首尾两端的位置来得出长度的，这就是所谓的测量形象。

但是“看”的时候不一样，我们得考虑光从不同位置传过来所需要的时间。只有同一时间传到观测仪器上的光，才能形成我们看到的形象，这是所谓的视觉形象。

因为通常物体上不同点到我们的距离不一样，所以一般它们传过来所需要的时间也不一样。换个角度说，我们所观察到的形象，其实是由物体各点在各个不同时刻发出的光形成的。这种延迟效应的原理图可以参考图2-3。假设有一个立方体（静止时）沿x方向高速运动，而在坐标原点O处放置着一部照相机。那么在照相机的参考系中，“立方体”的测量形象在x方向是会被压扁的。然后成像时，如图中物体上的B点距离照相机比A点近，那要想它俩的光同时传到O点，A点就必须提前发光才行（即A点应在更早一段时间的A'点处发光）。B点与A'点发的光在到达照相机后，在照相机的感光底片上（图中的虚线框内，画得有点夸张）成像（简单示意，不妨假设是小孔成像的形式，那就分别对应着B''点和A''点）。

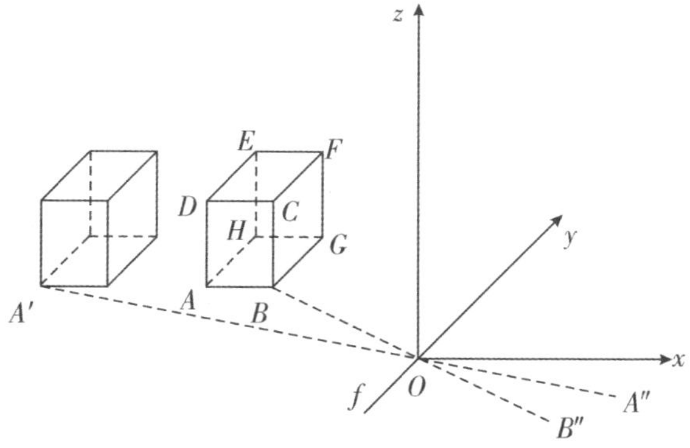

图2-3　高速运动物体成像示意图

把各个点的延迟都考虑进去之后，就可以画出整体的视觉形象了。图2-4是观察一个立方体在前下方从左向右经过时的视觉形象。其中从左到右分别对应先后不同的时刻，而从上到下分别对应速度从小到大。可以看到，当速度不高时，立方体的棱边还是直的；但当速度越来越大、接近光速时，物体看起来会变得越来越扁，而且棱边弯曲得越来越严重。

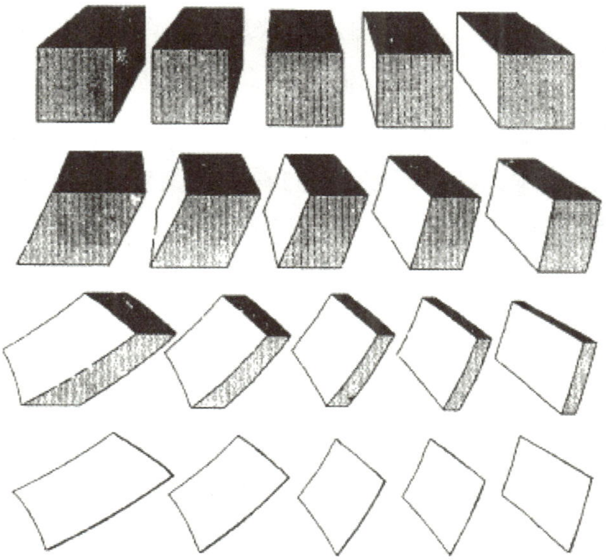

图2-4　不同速度的运动物体的视觉形象

高速物体视觉形象的神奇之处还不止这些。上文提到的扭曲形象是高速物体在距离不太远时的情况。但是，如果高速物体距离比较远，看到的形象又会是什么样子呢？

如果高速物体距离我们比较远的话，我们可以认为它上面各点发出来的光是近似平行的，即不像图2-3中BO与$A'O$那样有较大的角度差别（但它们的发光延时还是要考虑的）。然后，由洛伦兹变换可以得出，在我们看来与由发光物体自己看来，两者的发光角度是不一样的（具体推导及公式我们就不展开了）。

以高速运动的球体为例，如图2-5上半部分所示，假设我们看到球体是从左向右运动，且它的光是垂直运动方向传过来的；但在球体自身的参考系中，它发出的光与垂直方向是有一个夹角的（图中未直接画出）。这样的话，我们能看到的其实是阴影部分的半球面。再由延迟效应，在图2-5上半部分中，B点距离我们要比A点距离我们远，则B点要提前发光。根据洛伦兹公式和几何关系推演（我们还是省略计算过程，而以介绍现象为主），可以得出，最后我们看到的像竟然是一个没有变形的半球面（如图2-5下半部分所示）！

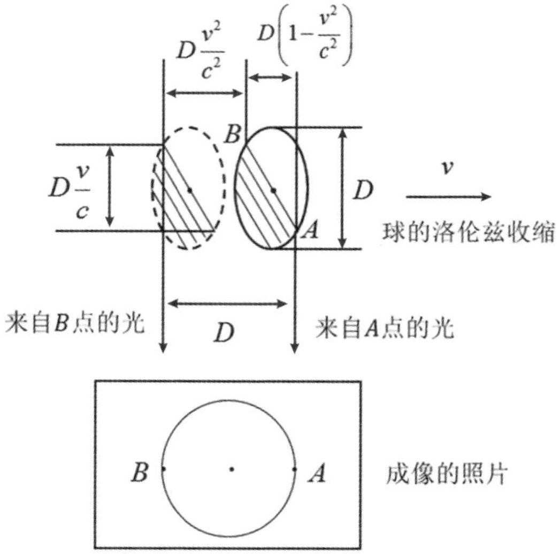

图2-5　远处高速运动球体的视觉形象

也就是说，对于远处高速运动的球体，它看起来是没有压缩的，但是旋转了一个角度，我们能看到它的一些背面。

这种旋转的形象在有些情况下看起来会更加不可思议。图2-6展示了远处高速运动的立方体的视觉形象，其中左上方是立方体静止时的情况，并用字母、数字标示了不同的面和位置；右上方展示了物体的运动方向及我们的观察方向（它们的夹角是θ）；下方是45°角时，不同速度下的视觉形象。可以看到，在不同速度下，看到的面也会不一样。有时能看到3个面，有时只能看到1个面，甚至有时能看到两个对立的面重合起来！

这不禁让人感叹，对于高速运动的物体，“眼见并不一定为实”。

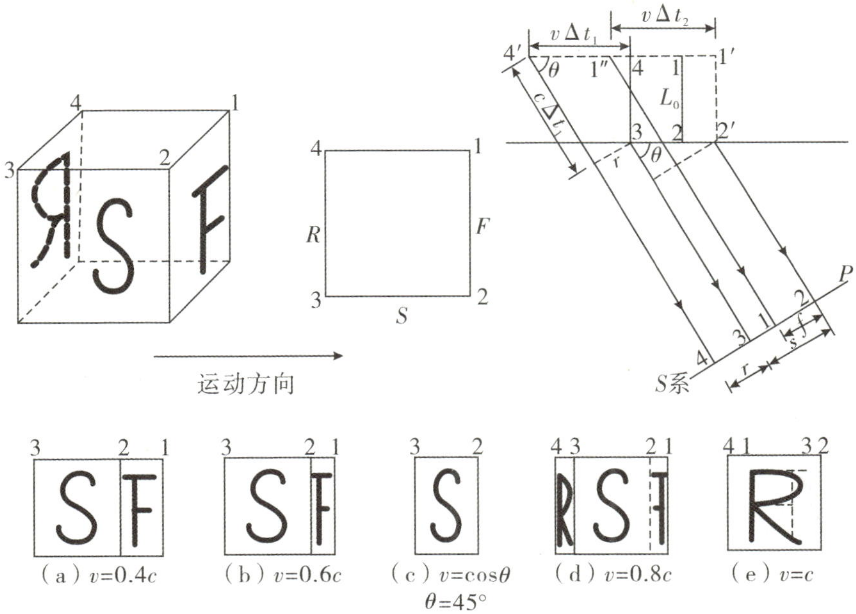

图2-6 远处高速运动的立方体的视觉形象

本节的最后，我们再提一下发光角度的问题。

上文提到，从高速运动物体的参考系和静止的参考系来看，物体的发光角度是不一样的。我们在前文只是考虑了能传给我们的那个角度。如果考虑各个发光的方向，如在高速运动球体自身来看，它是均匀发光的（如图2-7左边所示）。那么当它从左向右高速运动时，在我们看来，会出现聚光效应。即大部分光看起来都是在运动方向前端发出的；而后端会很稀薄（如图2-7右边所示）。

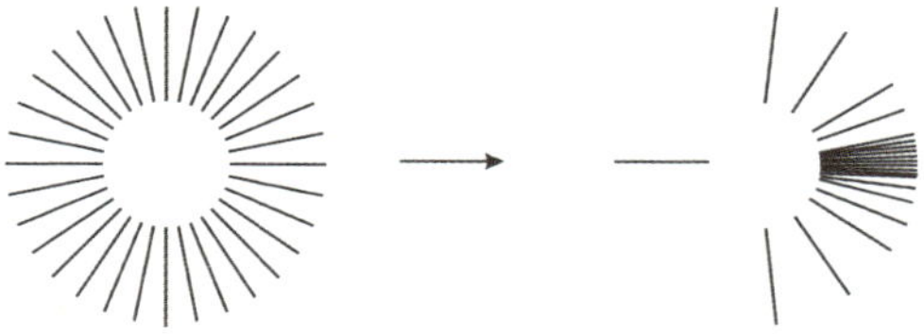

图2-7　静止球体与高速运动球体发光的角度分布比较

2.3　瞬间移动有可能实现吗

在一些科幻作品中，瞬移技能往往会让观众、读者非常兴奋，因为它非常的炫酷。现实中我们当然无法瞬移，飞机、高铁就是我们日常能体验到的比较高的移动速度了。然而，从原理上讲，瞬移是可能的吗？或者不局限于我们自身，能把一个物体，甚至只是一个粒子，瞬间移动到远方吗？

在本节，我们首先会探讨物体运动速度上限的问题，然后再把运动问题放宽到物体相互作用的问题，探讨是否能够瞬间传递相互作用（即“超距作用”是否存在）。

2.3.1　速度有上限吗？

关于速度上限的问题，要看所指的是什么速度。

如果指的是物体或信息传播的速度，那是有的。目前学界公认这个速度上限就是真空中的光速，且在现有的理论框架下是无法超越的。

根据相对论，运动物体的质量m是会随着它的速度v的变化而变化的，且满足公式

$$m=\frac{m_0}{\sqrt{1-\frac{v^2}{c^2}}} \tag{2-3-1}$$

其中，m_0是物体静止时的质量（称为静止质量）。这点初看起来可能与初高中讲授过的质量守恒有点不同，但其实之前学到的质量守恒是狭义的，更广义的说法应该是能量守恒。根据爱因斯坦著名的质能方程

$$E=mc^2 \tag{2-3-2}$$

质量就是能量的一种表现形式，不同的速度意味着能量也不同（在其他因素都相同的情况下），故其运动质量也不同。

从式（2–3–1）可以看出，如果速度v接近光速c时，分母$\sqrt{1-\left(\frac{v}{c}\right)^2}$将趋于0，从而物体的运动质量将趋于无穷大；然后由式（2–3–2），物体的能量也会趋于无穷大。也就是说，把任何一个静止的质量不为0的物体加速到光速c需要给它无穷大的能量，这是不可能办到的（顺便说一句，只有静止的质量为0的物质，如光子，才能以光速c来运动）。

因此，物体或信息传播的速度上限就是真空中的光速。

但是，如果不是指物体的运动速度或者信息的传播速度，那就有可能超过真空中的光速。

历史上曾经有过不少关于“超光速”的讨论，最典型的就是在某些情况下，波的相速度可以超过真空中的光速。

关于相速度的意思，可以举个极端的例子来说明：大家可

能看过足球场上的观众玩“人浪”，“人浪”的传播速度就可看作是波的相速度。但在“人浪”的运动过程中，每个观众其实还是在自己的座位上，并没有因为“人浪”的传播而跟着移动到其他座位。

在波的传播中，有物质传输意义的速度是群速度而非相速度。关于群速度，我们可以再举一个形象的例子：开动电钻往墙上打孔。这时，钻头往墙上钻进的速度就是一种群速度；而我们看到钻钉的螺纹随着旋转像是很快地向前传播，则是一种相速度。

如今，学界已经很少使用“超光速”这个词了，因为它有哗众取宠之嫌。只有物体的运动速度和信息的传播速度（如用光作为信息的载体）才是被认可的实在的速度。而根据相对论，这些速度是不可能超越真空中的光速的。

另外，值得一提的是，根据宇宙膨胀假说和天文学上的一些观察结果，在宇宙深处、离我们非常远的地方，那些星系正以越来越快的速度远离我们。这种空间膨胀的速度也有可能超过真空中的光速（这说明将来我们可能永远无法观察到它们，我们能观察到的宇宙将是有限的）。这种速度是空间自身的特性，它不涉及物质和信息的传播，因此也不会违背相对论。

2.3.2 魔幻般的超距作用

既然物质和信息的传输速度不能超越真空中的光速，那么是否还会有相互作用能瞬间产生，而不管距离多远呢？

这个问题看似能得出否定的结论，因为它不合常理。

但是事情没有这么简单。

在物理上，用来描述这种瞬间产生的相互作用有个专有名词，叫超距作用。其实在牛顿的时代，就已经有这个词。牛顿虽然发现了万有引力定律，但是不能给出引力的传播速度，他认为引力是瞬间产生的。如我们考虑地球绕太阳运动时，地球在椭圆轨道上有位置的变化，从而受到的引力也是有变化的，但我们从不计算引力改变所需要的时间，总是认为在不同位置的引力值是瞬间变化的。

在牛顿的时代，这个问题无法解决，因为牛顿给出的万有引力定律不含时间。但是，在爱因斯坦的广义相对论中，引力可被一种张量场描述（所谓张量场，可以理解为更高维度的方向场），且这种张量场是有传播速度的。爱因斯坦据此预言了著名的引力波。在2016年，LIGO（激光干涉引力波天文台）科学合作组织宣布探测到了引力波，并在时下成为各界的热点话题。

至此，引力的超距作用问题被完美解决。

但是，还有一个超距作用的现象极度困扰着爱因斯坦，那便是幽灵般的量子纠缠。

了解过物理学史的学生都知道，爱因斯坦与玻尔（N.Bohr）围绕着量子力学问题有过多次论战。在索尔维会议期间，爱因斯坦每天都会针对量子力学提出一个问题，然后玻尔都在思索一晚上之后，于次日给予反驳。这被传为一段佳话，人们普遍认为是玻尔赢得了论战的胜利。

但是，据《幽灵般的超距作用》的作者所言，在仔细查阅相关会议记录及采访一些物理学家对此的看法之后，他发现虽然玻尔在语言上赢得了胜利，实际上大家并不知道到底赢了什么。

其实，在论战的后期，爱因斯坦已经认可“不确定原理”（在理论上无法同时测准一对不对易的物理量，如不能同时绝对精确地测准物体的位置和动量），爱因斯坦一直关心的是量子纠缠中波函数的坍缩会带来超距作用，这与相对论相违背。但由于爱因斯坦的语言表达不够简洁，玻尔总是揪着爱因斯坦话中的一些小问题来进行反驳，而始终没有直面超距作用与相对论相违背的话题。或许玻尔其实也不知道这个问题的答案。而当时已经有不少实验支持量子力学，在实用主义的风气下，爱因斯坦担忧的问题，最终还是被忽视了。

这里解释一下爱因斯坦指出的“量子纠缠问题”是怎么回事。量子纠缠问题是说，如果有两个粒子构成纠缠态（这是一种特殊的叠加状态），那么不管把这两个粒子分隔多远，只要改变其中一个粒子的状态（如上文提到的波函数发生坍缩），那么另一个粒子的状态也会瞬间改变。

这种现象看似不可思议，但确实是有实验支持的。

至于它与相对论的矛盾之处，可以设想以下的实验：假设构成纠缠态的是两个光子（光波的不可再分的量子单元，有粒子的特性，但又不是经典的、像实物一样的粒子），利用分束镜等手段把它们分别射向相反的方向。光子是以光速飞行的，而信息传播的速度上限是真空中的光速，那么，以光速分开的两个光子是怎么瞬间知道它们中另一个的状态已经改变的呢？这是一个非常让人困惑的问题。这个问题至今还没有明确的答案。

（刘家明撰写）

3

宇观世界

——宇宙有边界吗

每当我们仰望星空，那浩瀚星辰不禁让我们对广袤的宇宙产生无尽遐想：我们所在的宇宙有着怎样神奇的力量呢？宇宙是怎么产生的，又是怎么演化的呢？

3.1 引力波来自哪里

3.1.1 一则科技新闻：人类首次直接探测到引力波信号

2016年2月11日，LIGO科学合作组织对全世界宣布了一个振奋人心的消息：人类有史以来第一次直接探测到引力波！这次探测到的引力波是由初始质量分别为29倍太阳和36倍太阳产生的黑洞产生的。大约在13亿年前，这两颗黑洞相互靠近，在最后时刻合并成了一颗有着62倍太阳质量的高速旋转的黑洞，并释放了巨大的能量，这些能量以强大引力波的形式释放到宇宙空间。引力波经过13亿年的漫长旅行，在2015年9月14日终于抵达了地球，并被“有心的地球人”利用激光干涉引力波天文台的两台引力波探测器探测到。这次探测意义重大，一方面，它找到了爱因斯坦广义相对论实验验证中最后一块缺失的“拼图”；另一方面，它将直接开启引力波观测的全新时代！

看完这则科技新闻，你是否体会到这次探测的难度之大，又是否对这些科学家的坚持和智慧充满敬佩呢？是不是对这则新闻中谈到的引力波、黑洞、LIGO等名词还有许多疑惑呢？新闻中说到这次探测到的引力波是由13亿光年之外的两颗黑洞在合并的最后阶段产生的，那是不是只有黑洞合并才能产生引力波？引力波从何而来？为了弄清楚这些问题，我们可以先从爱因斯坦基于广义相对论的预言说起。

3.1.2 爱因斯坦的预言

只要谈到引力波，我们首先想到的就是爱因斯坦这位伟大的科学家，因为在探测到引力波的大约一百年前，这位科学伟人就预言了引力波的存在。1915年，爱因斯坦在《引力的场方程》中给出了广义相对论引力场方程。在后来的几个月，爱因斯坦在弱引力场近似的情况下对引力场方程进行了线性近似的简化，得到了一个令人特别兴奋的经典波动方程，从这个方程看出引力场有类似于电磁场那般的波动性质，对精通数学的爱因斯坦显然并不是一件难事。于是在1916年，爱因斯坦根据弱引力场近似情况下得到的方程预言了引力波的存在。

下面我们来说说爱因斯坦的引力观。我们知道，牛顿提出的万有引力是一种相互作用力，但爱因斯坦在广义相对论中对引力有着不一样的看法。他认为引力并不是一种“力”，而是时空弯曲的一种效应，这种弯曲是因为质量的存在。其实，爱因斯坦得出的引力场方程就显示出了清晰的物理意义，即该引力场方程的左边显示了时空弯曲的情况，而方程的右边显示了物质及其运动，从而整个方程可以用一句非常简洁的话来描述，即“物质告诉时空怎么弯曲，时空告诉物质怎么运动”。

这似乎不好理解，别急，我们可以通过一个简单的例子来打个比方。我们把爱因斯坦说的时空比作一张橡皮膜，一开始，我们将这张橡皮膜拉直并固定住四个角，那可以视这张橡皮膜为一个平整的平面。如果将一个质量比较大的铅球放在这张橡皮膜上面，球的质量就会使这张橡皮膜往下压，从而使橡皮膜发生弯曲而凹陷，也就类似于时空发生了弯曲。如果在这个铅球附近再放一个质量较小的高尔夫球，这个高尔夫球同样会造成“时空弯曲”，而且高尔夫球会向凹陷的铅球滚去，这就会使两个球有吸引对方的现象。根据牛顿的理论，这两个球天生“爱”对方，存在着相互吸引的“力”。而爱因斯坦认为它们并不是真正的“相爱”，它们相互吸引的表象是由时空弯曲引起的，是时空弯曲使得它们有着吸引对方的运动效果。这便是广义相对论中的引力观，引力并不是一种经典意义上的“力”，而是“时空弯曲”的一种表象。通过上面的介绍，相信读者对广义相对论的引力理论已经有了一定的理解，下面让我们一起来揭开引力波神秘的面纱吧！

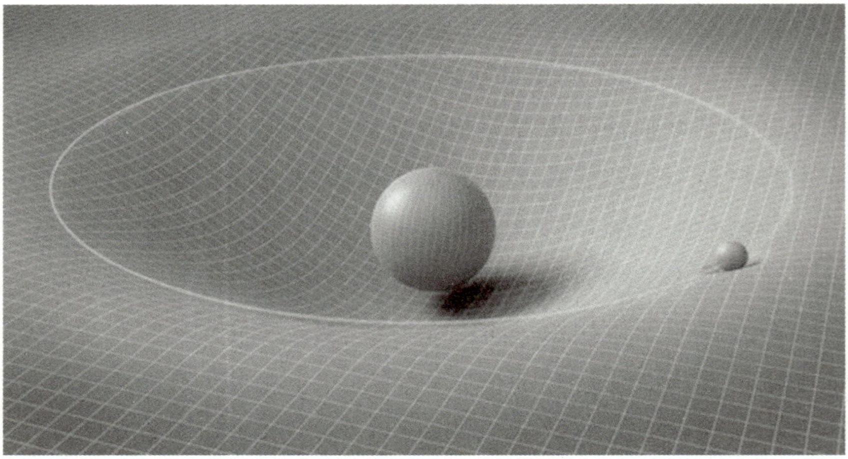

图3-1　类比有质量的物体造成的“时空弯曲”

3.1.3　引力波从何而来？

简单地说，引力波是指时空弯曲产生的涟漪，这个涟漪以波的形式从辐射源向外传播，当这个涟漪传到相应的时空时，就会产生空间的应变（空间中两点距离的变化），即时空被扭曲。按照爱因斯坦的理论，前面提到的这种涟漪会以光速传播，这种传播现象被称为引力波。

读者是否对上面的解释感到难以理解呢？如果是，大可不必着急，我们还是可以通过一个简单的比喻来理解引力波，还是将时空比作一张橡皮膜，当我们将这张橡皮膜四个角伸展开并在其中间放置一个质量大的铅球时，前面我们已经了解到这张橡皮膜会因为这个铅球的质量而凹陷下去，即橡皮膜发生弯曲，但这张橡皮膜不会因此有波动。你可以大胆地设想一下，如果某个时刻这个铅球在这张橡皮膜中剧烈地运动起来，橡皮膜会如何呢？是的，整个橡皮膜必然也会波动起来。倘若在铅球的附近再放置一个大质量的铅球，并且两个铅球还在加速运动和碰撞的话，橡皮膜的情况就会发生巨大的变化，这种波动传到橡皮膜周边时也会引起波动。如果将两个铅球比作大质量的天体（如黑洞），再把这张橡皮膜的波动比作引力波就非常形象了。

事实上，在本节开头的科技新闻中谈到人类第一次观测到的引力波正是如此产生的。当这引力波传播到地球，引起了周围空间的应变（拉伸或压缩空间），你可以大胆地想象地球如同果冻一般晃动起来。当然，这是较为夸张的比喻，地球确实有类似的晃动，只是非常的微弱罢了。总的来说，有质量的物质使时空这张巨大的橡皮膜发生了弯曲，而这些在弯曲的时空中加速运动的物质会激起时空的涟漪，这种时空弯曲产生的影响会以光速向各个方向传播。这种时空弯曲产生的涟漪就称为引力波，其形态类似于生猛的鱼儿在平静的湖面腾跃激起的波纹，向四面八方传开。现在，再说到引力波是时空弯曲产生的涟漪，相信你已经能更好地理解了。

图3-2　引力波的模拟图

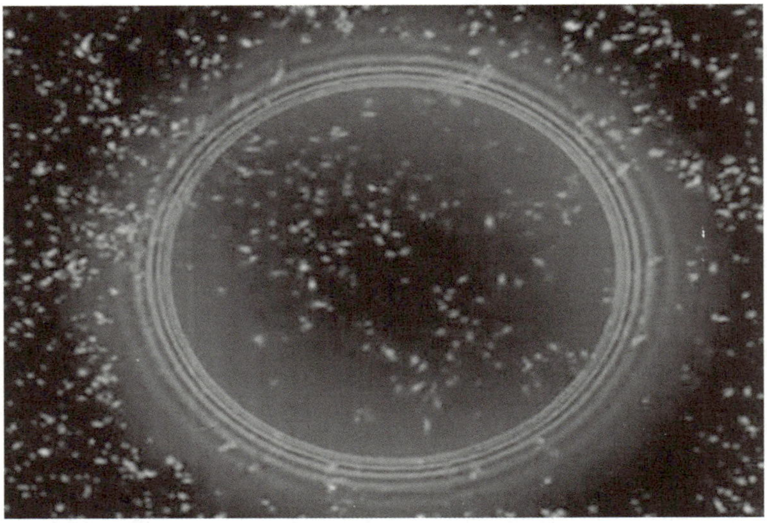

图3-3　引力波在传播过程中的一个瞬间（概念图）

最后，我们就可以解决引力波从何而来的问题了。通过上面的分析，如果你猜测任何有质量的物体都能引起时空的弯曲，那当这个有质量的物体加速运动时，必然能产生引力波，恭喜你，这个猜测是完全正确的。爱因斯坦的广义相对论认为，宇宙中任何加速的物体都能产生引力波，但大都非常微弱，所以爱因斯坦认为不太可能探测到引力波。下面我们主要研究地球上可以探测到的引力波从何而来。本节开头的科技新闻谈到，人类首次探测到的引力波是由两个大质量的黑洞在距离地球13亿光年之外的地方合并时产生的。13亿光年意味着这个引力波是13亿年前产生的，经过了漫长的旅途后作用在了地球上。引力波为何能传播如此之久呢？相信细心的读者早就发现了科技新闻中说到初始质量分别为29倍太阳和36倍太阳的大质量黑洞在最后时刻合并成了一颗62倍太阳质量的高速旋转黑洞，29加上36等于65，那还有3倍太阳质量去哪里了呢？其实，这两个黑洞合并时，3倍太阳质量以引力波辐射的形式损失掉了，这便是引力波的能量来源，这些能量是巨大的。再者，引力波在传播时能够几乎不受阻挡地穿过行进途中的天体和物质，所以即便是如此遥远的距离和漫长的时间，也让我们有探测到它的可能。那么，只有双黑洞的合并才能产生引力波吗？答案显然是否定的。在人类首次探测到引力波后不久，科学家在2017年再次探测到了引力波，但是这次探测到的引力波不是由黑洞合并产生的，而是由双中子星合并产生的，发生在距离地球1.3亿光年之外的编号为NGC4993的星系中。通过这两个例子，我们可以知道，合并的致密星双星系统（如中子星或者黑洞的双星系统）确实可以产生引力波。除此之外，引力波的波源还有可能是快速旋转的致密天体、随机的引力波背景、超新星或者伽马射线暴爆发等。

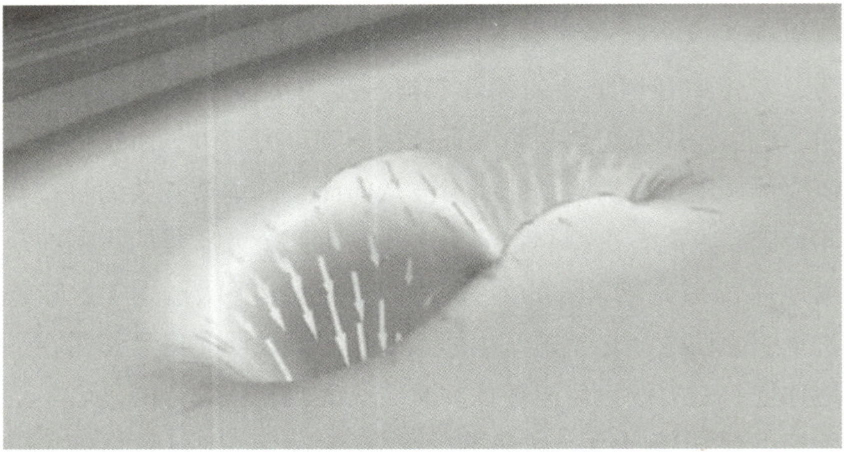

图3-4　黑洞在合并之前的瞬间模拟图

3.1.4　引力波的未来

人类探测到引力波，找到了爱因斯坦广义相对论实验验证中最后一块缺失的“拼图”。这是否说明与引力波相关的科学就走到了尽头呢？显然不是！400年前，伽利略（G.Galilei）将望远镜指向天空，开启了现代观测天文学的时代。引力波的探测也有类似的意义，它将打开观测宇宙的新窗口。我们知道，每当有新的窗口被打开，人们总能发现巨大的惊喜，引力波天文学的窗口也不会例外。在LIGO发现引力波之后，LIGO项目的成员表示，他们随后会对LIGO进行升级，提高其精度和探测的范围，并且在未来的十年到二十年内，他们团队还计划开启四个通过引力波观测宇宙的窗口。中国也加入了引力波探测的队伍，提出了“天琴计划”和“太极计划”等。世界各国的科学家都对引力波的探测表现出了浓厚的兴趣。引力波天文学已经成为当代物理学和天文学研究的宠儿，其发展前景是光明的。因为大家都明白，麦克斯韦（J.C.Maxwell）提出电磁方程并预测电磁波的存在时，没有人知道电磁波能颠覆人类的生活，如今的引力波又何尝不是如此呢？科学家们相信引力波在未来必然会带给人类更大的惊喜！

3.2　宇宙何来何去

3.2.1　一则科技新闻：诺贝尔物理学奖获得者回答宇宙终极问题

北京时间2019年10月8日，瑞典皇家科学院在斯德哥尔摩宣布，将2019年诺贝尔物理学奖授予美国科学家皮布尔斯（P.J.E.Peebles）、瑞士科学家梅厄（M.Mayor）和瑞士科学家奎洛兹（D.Queloz）。

皮布尔斯是20世纪70年代最具影响力的理论宇宙学家之一，他对宇宙大爆炸模型作出了许多理论贡献，在初核合成、暗物质、宇宙微波背景辐射等领域都取得了重大研究成果。瑞典皇家科学院评价称皮布尔斯的理论框架经过20多年的发展，成为我们现代理解大爆炸后宇宙演化的重要基础。

梅厄和奎洛兹探索了我们的家星系——银河系，寻找未知的世界。1995年，他们首次在太阳系外发现了一颗行星，该系外行星绕着银河系中的一颗太阳型恒星运转。他们开启了天文学的一场革命。

对于这三位科学家的贡献，诺贝尔委员会总结道，这一年的诺贝尔物理学奖既奖励了人们对宇宙结构、宇宙发展史的新认识，也奖励了人类首次发现绕日行星。

对于这些研究的深远意义，诺贝尔委员会形容这些发现永远地改变了人类对世界的观念。

看完这则新闻，你是否对三位科学家充满了敬佩？你是否对宇宙充满了好奇？宇宙到底从何而来，又经历了怎样的变化，最终又会到哪去呢？

3.2.2 宇宙从何而来

宇宙是如何出现的？从早期“天地玄黄，宇宙洪荒”的混沌认识，到1929年美国天文学家哈勃（E.P.Habble）观测发现宇宙正在膨胀，人类一直在不断地追求这个终极问题的答案。特别是在过去的一百年间，随着宇宙学研究理论的爆发，人类对宇宙起源的认识也不断地被刷新甚至颠覆。

20世纪60年代，皮布尔斯与迪克（R.Dicke）等人一起预言了宇宙微波背景辐射。人们根据他们提出的理论模型，很快发现宇宙中存在着大量暗能量和暗物质。皮布尔斯从20世纪60年代中期开始发展起来的理论框架，是构成我们当代认识宇宙的重要基础。他的宇宙微波背景辐射理论等一系列贡献，为后来的科学家们追溯宇宙起源指明了一条道路。

现在我们知道，宇宙起源于大爆炸。从大爆炸到现在，中间间隔了约138亿年，宇宙经历了一系列重大事件，每一次重大事件的背后都伴随着无数次惊心动魄的灭亡和新生。那么，在这138亿年间宇宙到底发生了什么？

1）宇宙起源

关于宇宙的起源，目前的主流假说是宇宙大爆炸理论，即宇宙起源于一场大爆炸。在138亿年前的某个时刻，突然一个体积无限小的点爆炸了，宇宙诞生了，空间开始暴涨式出现，振动使得物质诞生，如同一次规模巨大的爆炸，温度极高。宇宙大爆炸理论认为宇宙曾有过一段极短暂的由热到冷的演化史。在这段时期里，宇宙体系在急剧地膨胀，致使物质密度从密到稀地演化。爆炸之初，宇宙中的物质只能以中子、质子、电子、光子和中微子等“基本”粒子形态存在。经过大爆炸之后的急剧膨胀，宇宙的温度和密度很快下降。随着宇宙温度的降低和冷却，原子、原子核、分子等微观粒子才开始形成，并复合成为通常的气体。这些气体再逐渐凝聚成星云，星云又进一步形成各种各样的恒星和星系，最终才形成如今我们所看到的宇宙。总之，大爆炸使得宇宙空间从一个无限小的奇点开始扩张，物质四散，然后宇宙空间又不断地膨胀，温度也相应下降，后来就相继出现了宇宙中的各种星系、恒星、行星乃至我们的生命。

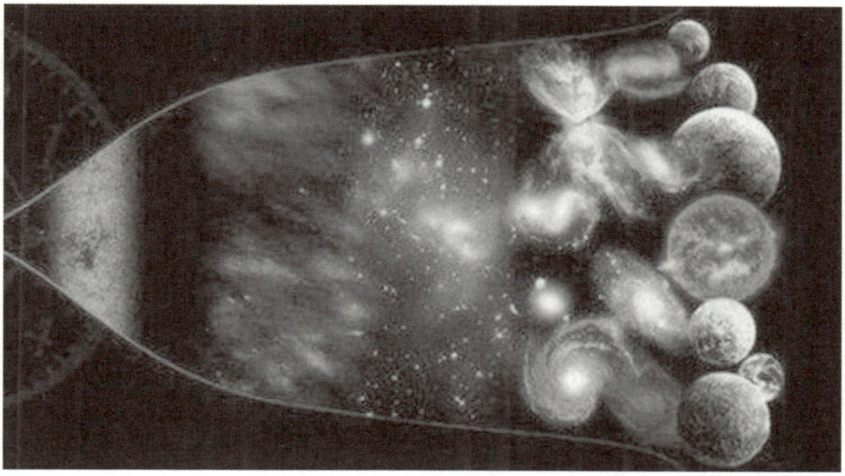

图3-5　宇宙空间膨胀

2）恒星的形成

接下来，我们再具体看看作为宇宙主体的恒星是如何形成的。大爆炸后，经过约1亿年的演化，第一批恒星开始形成。恒星从形成到灭亡的演化历程通常达数十亿年之久。

恒星的形成主要是从巨分子云开始的，一个巨分子云的质量约为数十万到数千万个太阳质量那么大，它的直径为50～300光年不等。巨分子云环绕星系高速旋转，当遇到一些周边事件，如星云压缩和扰动时，有可能形成大量的恒星。如果巨分子云形成的某些恒星距离足够接近，那么这些恒星也可能形成双星或多星系统。而有些恒星如果形成初期质量太小（小于太阳质量的0.08倍）不足以点燃核聚变，则会“夭折”为褐矮星，慢慢变冷。

恒星形成后不停地聚变燃烧，经历一个从幼年、成年到暮年的过程。恒星燃烧完气体，核反应就会停止，留下一个核壳，此时恒星失去抵抗强大引力的能力，其外壳开始引力坍塌。当坍塌到核心温度达到一亿摄氏度时，核心氦聚变被点燃，恒星成为红巨星，重新通过核聚变抵抗引力，一直到晚年，恒星所有能量耗尽而亡。恒星死亡以后会以白矮星、中子星、黑洞三种可能的冷态之一作为终结，永远留在宇宙中。

3.2.3　宇宙到何处去

既然宇宙因爆炸而来，那是否爆炸完了就完事了呢？其实，完全不是，我们的宇宙还在不断地膨胀呢。20世纪天文学最重大的成就之一就是发现宇宙正在膨胀，许多星系正在远离我们。那么，宇宙是否会一直无限地膨胀下去呢？宇宙膨胀到何时才是尽头呢？宇宙的最终结局如何？这也是目前科学界颇有争议的问题。目前比较流行的有三种观点。

一种是热寂说，认为宇宙最终走向死寂。持这类观点的人认为宇宙所有的恒星终将燃烧殆尽，留下黑洞等冷态残渣，背景辐射温度不断降低，最终温度趋近绝对零度。这个结局既阴暗又寒冷。宇宙内部不再存在任何的能量传递和交换，宇宙会陷入永恒的死寂状态，这种状态就称为热寂。

一种是撕裂说，认为宇宙会无限期膨胀下去，最终因大撕裂而消亡。持这种观点的人认为在宇宙的膨胀过程当中，星系之间也在不断地远离，最后引力无法支撑宇宙膨胀的速度，导致宇宙空间中所有的物质都会被“撕裂”解体，最终将全部以最基本粒子的形式存在。

还有一种是循环说，认为宇宙膨胀到一定程度便开始收缩，经历一个与大爆炸相反的过程，最终重新回到大爆炸的起点，然后开始新一轮的爆炸，产生一个新的宇宙。那什么时候收缩呢？科学家说要在1500亿年后，当宇宙膨胀到动能减少为零时，它的势能仍不会等于零，就像不再吹气的气球，宇宙便开始收缩，到最后又成了一个点，这个点空间无限小，能量无限大。当达到一定条件，又一次宇宙大爆炸就开始了，开启下一次循环。

（高洁、李心怡、彭建涛撰写）

4

大统一世界

——各种物理规律有共同的根源吗

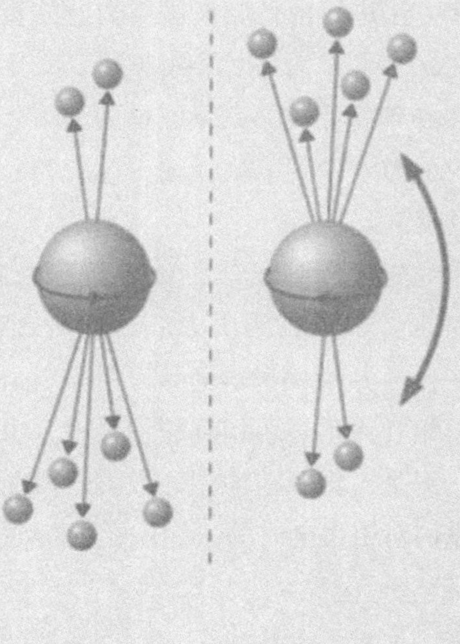

随着近代物理的发展，科学家们越来越意识到纷繁复杂的物理现象背后，其本质规律往往是相通的，是高度凝练和简洁的。物理规律的简洁美成为物理学追求的目标之一，人们力图将自然界中各种各样的相互作用原理归结到一个统一的最基本的理论根源中。

4.1 引力与其他相互作用力有何别扭

4.1.1 一则科技动态：启动“太极二号”双星计划探测空间引力波

2020年9月18日，空间引力波探测计划“太极计划”首席科学家表示，中国科学院正在启动空间引力波探测计划第二步“太极二号”双星计划。“太极计划”规划在2033年前后发射由位于等边三角形顶端三颗卫星组成的引力波探测星组，用激光干涉方法进行中低频波段引力波的直接探测。其中第一颗卫星已在2019年8月成功发射，第二颗卫星预计在2024年发射升空，2033年将完成第三颗卫星的部署。“太极计划”作为我国自己的引力波探测卫星计划，无疑为我国基础科学发展作出了巨大贡献。

看完这则科技动态，你是否感受到了我国科学力量的强大？对于“很火”的引力波，你是否很想进一步了解呢？其实，在自然界四种基本相互作用（引力相互作用、电磁相互作用、强相互作用、弱相互作用）中，引力相互作用是最早被认识的，但是，到目前为止，人类还没能完全揭开引力的神秘面纱，我们对引力已有的认知还在不断地被刷新。

4.1.2 两种不同的引力观

对于万有引力定律大家一定不会感到陌生，著名物理学家牛顿在1687年出版的《自然哲学的数学原理》一书中首先提出了两个可看作质点的物体之间的万有引力，可以用下面的公式表示：

$$F_{引}=G\frac{m_1m_2}{r^2} \tag{4-1-1}$$

万有引力定律为经典物理学作出了巨大贡献，它对于揭示行星运动规律、月球绕地运行、潮汐等现象和航天技术的发展功不可没。不仅如此，万有引力定律还为我们揭示了自然界所有物体之间都普遍存在的一种相互作用力——引力，第一次建立了引力观。当然，牛顿的引力观是经典引力观，它是建立在绝对时空观下的。绝对时空观认为时间和空间是两个独立的观念，这也就意味着时间的变化不会影响空间的变化，空间的变化也不会影响时间的变化，时间和空间之间具有绝对性，它们之间并没有联系。那么，作为自然界普遍存在的引力相互作用也就和时空变化没有关系。

在3.1节，我们知道爱因斯坦的广义相对论建立了另一种引力观。在广义相对论理论下，时空是相对的。相对论时空观认为，所谓“引力”其实是时空的性质，时空应当理解为能量的时空，可以这样理解，若把我们的时空“放入”一个坐标系中，坐标系每个点的坐标都不同，代表着不同的时空能量，同时我们要把质量也理解为一种时空能量，质量能影响上述坐标系中各点的时空能量，使得各点的能量数值发生变化，这种变化表现为引力。若从几何角度来看，类似于时空弯曲产生的几何效应表现为引力。值得注意的是，这里的“引力”虽然是时空弯曲的几何表象，但它具有时空性质，其强度和时空能量有关，而不是一种绝对时空观下的“力”。

4-1　广义相对论的“时空弯曲”

即使科学家们为我们建立起了两种引力观，我们对引力的认知相对于其他三种相互作用力来说还是不够的。为什么这样说呢？下面就让我们来说说引力的特殊性。

4.1.3　无法“量子化”的引力场与“引力子”争论

在1900年，著名的物理学家普朗克（M.Planck）为了克服经典理论的困难，首次引入了能量子的概念，为量子理论奠定了基石。随后，量子力学逐步完善并建立成一个物理学分支学科。在有了量子力学及杨振宁和米尔斯共同提出的非阿贝尔规范场论后，科学家们终于可以很好地探究自然界四种基本相互作用之间的统一性问题。

首先，对于电磁相互作用，通过量子化后，发现电磁场是通过光量子的作用来传递相互作用的。其次，对于强相互作用，科学家们是用量子色动力学来描述的，即由组成强作用粒子（强子）的相互作用统一地描述强子结构和强子之间作用，夸克和胶子很好地解释了强相互作用力场的粒子传递。最后，对于弱相互作用，我们有W^+、W^-、Z这三种矢量玻色子，这三种玻色子就像电磁场的光量子一样，很好地解释了弱相互作用力场的粒子传递。

那么，以此类推，若要解释引力场量子化的粒子传递，我们很容易会提出这样的猜想：是否有一种“引力子”能够起到引力场的粒子能量传递作用呢？著名物理学家爱因斯坦曾在1916年提出引力场理论，他认为任何物体周围都存在引力场，而引力场存在于弯曲的时空里，引力场是通过引力波传播的。引力场理论提出后，许多物理学家就在思考，引力场或许也存在一种“引力子”可以作为一种“媒介”来传递引力场的能量。可惜的是，直到我们已经探测到引力波存在的今天，我们仍然无法从实验上直接探测到“引力子”的存在。也就是说，从量子力学理论上来说，人们预言“引力子”是存在的，因为引力在量子化时，引力能量应当是一份一份的，这些能量必须由“引力子”作为载体才能进行传递。但同时它可能是组成能量时空的“基本”粒子，换个说法就是我们可能已经和时空的“引力子”紧密连接在一起了。按现阶段的科学水平，我们可能根本无法捕捉到“引力子”。同时，理论上，统一了强、弱、电磁三种相互作用的规范场理论还不能用于统一引力。至于其他关于引力场量子化的“引力子”理论，在数学上和量子力学并不融洽，可以认为是极为复杂甚至是自相矛盾的。因此，随着时间的推移，人们也开始对“引力子”感到疑惑，有人怀疑“引力子”是否确实存在。

在对四种相互作用力的研究中，科学家们已经对电磁力场、强相互作用力场、弱相互作用力场成功实现了量子化的解释。但是，同为基本相互作用力，唯有引力场，我们还无法对其作出满意的量子力学解释，这也使得引力本身与其他三种力显得“格格不入”。

4.1.4　对于引力的新理论猜想

由于现有理论很难解释引力相对于其他三种基本相互作用力产生的种种“别扭”，科学界也提出了很多新型的理论，其中弦理论和圈量子引力论被认为是比较有可能解决引力种种“别扭”的。

弦理论认为，自然界不是由我们所熟知的原子、分子、夸克等“基本”粒子组成的，而是由很小很小的线状的“弦”组成。弦的不同振动和运动就产生了我们所谓的“基本”粒子，能量与物质是可以转化的。但是，作为新型的物理理论，弦理论现阶段的发展并未完全成熟。

圈量子引力论基于两个假设：①广义协变——物理学的定律可以用任何的坐标系来表示，这与广义相对论的基本假设相符合。②背景独立——不存在可以作为背景的独立不变的度规、坐标系等。利用圈量子引力论，人们可以在理论层面上很好地对引力场进行量子化，但是到目前为止，这一理论模型还未完善。

纵观物理学的发展历程，早在17世纪，当时人们还完全不了解电磁力、强相互作用力、弱相互作用力，牛顿就已经通过建立万有引力定律很好地描述了引力的物理现象，可以说引力是走在了所有力的前面。但是，经过几百年的发展，现在的情形好像完全颠倒了过来。现在，我们对引力的理解可以说远远比不上电磁力，甚至我们对强相互作用力和弱相互作用力的理解也要比引力深刻得多。物理学以引力开始，很可能也会以引力结束。

4.2 如何撮合四种相互作用力的大家族

4.2.1 一则科学故事：爱因斯坦的遗憾

20世纪20年代，当时正在创建相对论的爱因斯坦敏锐地意识到了四种基本相互作用力应该是可以统一的，从而能以简单的“统一”理论来描述自然界的一切现象。到了20世纪30年代，他开始着手研究“大统一理论”，试图通过物理和数学的方法将四种基本相互作用力通过一个理论框架统一起来，但是这一工作耗尽了他后半生的精力，直到1955年因病去世也没有找到一个理论框架能很好地统一这四种基本相互作用力，这也成为爱因斯坦一生的遗憾。

图4-2 科学家爱因斯坦

看完这则令人遗憾的科学故事后，你是否会对故事里面的很多方面产生疑问？比如说，四种基本相互作用力是什么？什么是大统一理论？四种基本相互作用力能够通过大统一理论来进行撮合或者说实现统一吗？要弄明白这些问题，我们可以先从四种基本相互作用力的大家族说起。

4.2.2 四种基本相互作用力的大家族

自然界中物质间的相互作用是普遍存在的。我们已经在中学物理学习中了解到重力、拉力、电磁力、浮力等各种各样的作用力。但是，如果只按力的本质来区分的话，目前自然界中的力总共可归结为万有引力、电磁力、强相互作用力和弱相互作用力这四种力，我们把这四种力统称为四种基本相互作用力。我们先从经典物理学的视角简单了解一下这四种基本相互作用力。

我们在上一节介绍过万有引力，它是指物体由于具有质量而产生的具有相互吸引作用的力，万有引力不仅和物体的质量有关，还和物体之间的距离有关，两个质点之间的引力大小与其距离的平方成反比，属于长程力。在宇宙中，由于天体的质量比较大，尽管两个天体相距非常遥远，它们之间的引力仍然足够大。地球表面附近的物体受到重力作用就是由于受到地球的引力作用。

电磁力不仅仅是静电力，在运动电荷之间的电性力及磁性力，我们也称其为电磁力。电磁力属于长程力，既可表现为吸引，也可表现为排斥。电磁力不仅仅发生在宏观上，微观领域（原子、分子、核子）也有电磁力的存在。因此，从本质上说，分子间的电磁相互作用构成了分子力，我们在宏观观察到的弹力、压力、摩擦力等也可以算是电磁相互作用的一种表现。电磁相互作用是通过电磁场传递的，经典电磁场理论通过麦克斯韦方程组将电和磁在本质上完美地统一起来。

接下来让我们认识一下强相互作用力。我们都知道，原子核是由质子和中子构成的，而原子核半径的数量级为10^{-15}～10^{-14} m，那么在如此小的范围内，按理说质子早就应该由于强大的静电斥力而和中子散开了，但是事实证明，原子核还是非常稳定的，并没有出现上述散开的现象。那么是什么导致了原子核里核子的稳定呢？我们有理由说，在原子核的核子之间还存在着一种强大的引力，我们把这种作用力称为强相互作用力，这是一种力程极短（约为10^{-15} m），强度极大的一种力。值得一提的是，强相互作用不仅仅表现为吸引力，它也可以表现为排斥力，其具体表现会根据核子间距离范围的变化而发生变化。

最后，让我们来认识一下弱相互作用力。弱相互作用力的力程极短，作用力的强度也没有强相互作用力强。在放射现象中，β衰变中会放出中微子和电子，中微子和电子之间只有弱力作用。除了放射现象，弱力也存在于其他“基本”粒子之间。在研究弱相互作用的过程中，我们还发现了一个惊人的事

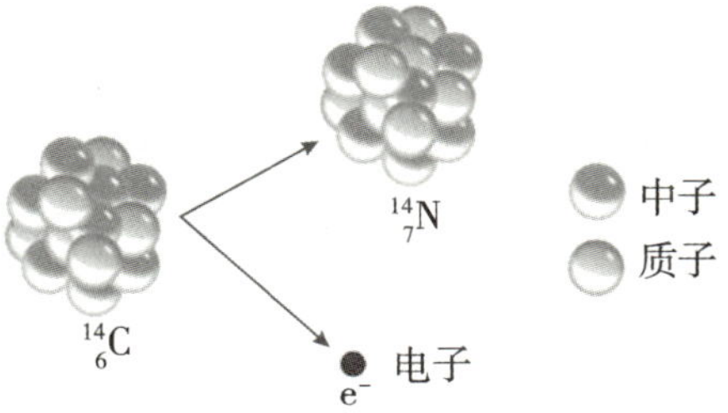

图4-3　β衰变中放出中微子和电子

实，那就是在1956年，杨振宁和李政道在对“基本”粒子的弱相互作用研究中发现，宇称并不守恒！

通过上面的介绍，相信读者对四种基本相互作用力已经有了一定的了解。此时，你也许会纳闷，既然自然界那么多形形色色的作用力只归为四种基本类型，那么，这四个成员中的某些成员能否继续归属于更基本的类型呢？或者再进一步，这四个成员是不是能完全归属于同一个家族呢？

4.2.3　弱电统一理论的成功

20世纪60年代，格拉肖（S.L.Glashow）、温伯格（S.Weinberg）、萨拉姆（A.Salam）三位科学家曾提出弱电统一理论，把弱相互作用和电磁相互作用这两个成员统一在一个家族里，这种统一理论可以分别解释弱相互作用和电磁相互作用的各种现象。实际上，温伯格等人建立弱电统一理论的过程并不顺利。由于当时人们认为电磁力和弱相互作用力属于性质非常不相同的力，在开始的很长一段时间里他们并没有找到电磁力和弱相互作用力之间的本质联系，可以说对于弱电统一理论是无从下手的。在1960—1965年间，温伯格参考了杨振宁和李政道关于对称性自发破缺理论的研究。所谓对称性自发破缺理论，通俗地说，它认为一些不同的现象或规律可追溯到同一源头，最初有着相同的共性（指相同的对称性），后来由于种种原因，对称性被自发地破坏，这样我们就可以从对称性来研究它们的共性，从对称性自发破缺机制来研究它们的特殊性。事实证明他的这一参考方向是非常正确的，最终温伯格在1967年秋确定了弱相互作用和电磁相互作用可根据严格的、但自发破缺的规范对称性的思想进行统一的表达，并在这一年发表了这一理论成果。弱电统一理论预言的中间玻色子W和Z于1983年被欧洲核子研究中心找到，这更加肯定了弱电统一理论的成功。

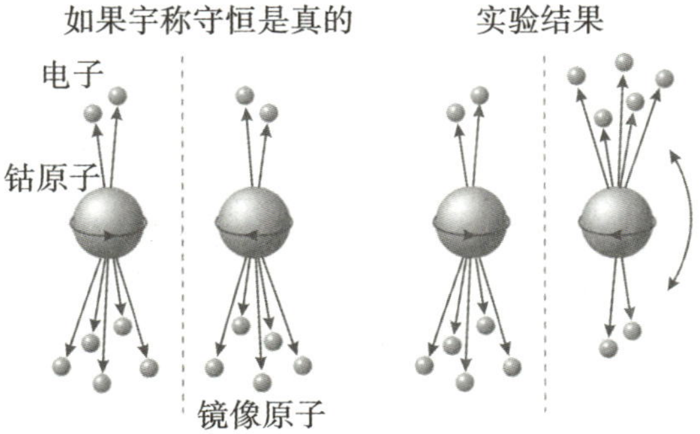

图4-4 宇称不守恒

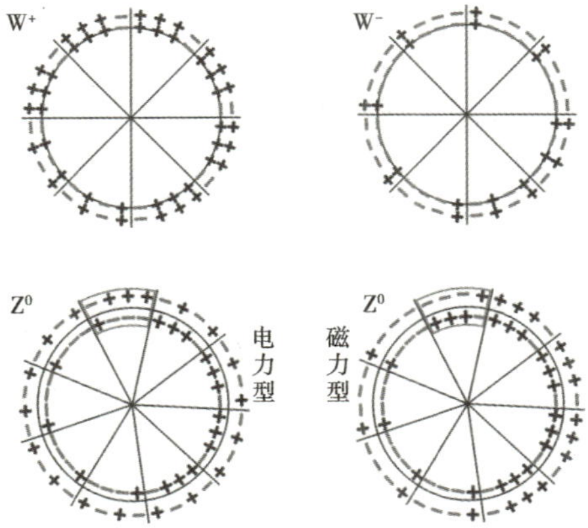

图4-5 W，Z弱玻色子结构图

4.2.4 强、弱、电磁三种作用力的统一

在弱电统一理论成功后，人们更加相信大统一思想的正确性，进一步坚定了把自然界基本相互作用的四个成员撮合在一起的信念。科学家们在20世纪70年代中期进一步提出了强、

弱、电磁三种作用力的统一理论。在对这些力进行统一的理论过程中，杨振宁和米尔斯提出的杨–米尔斯理论作出了巨大的贡献。

杨–米尔斯理论于1954年由物理学家杨振宁和米尔斯首先提出，此理论旨在使用非阿贝尔群描述“基本”粒子的行为。对于这一理论，我们可以简单地理解为，把原来局限于规范对称思想的阿贝尔群论推广到了非阿贝尔群论。通俗来讲，非阿贝尔群是指群的运算不满足交换律的群，就好比中国象棋的破解残局，许多残局我们都可以根据棋谱一步一步来进行破解，但是我们可以很容易地发现，当我们把棋谱里面某一步棋的先后顺序打乱，再根据打乱后的顺序走下去的话，残局往往就不能破解了，出子顺序对于破解棋局是至关重要的。对于非阿贝尔群，每一步的运算顺序是严格规范的，是不满足交换律的，同时结合宇称不守恒的原理，最终建立了杨–米尔斯理论。这一理论能很好地通过数学场论的方法解释弱相互作用力和电磁力的统一。到了20世纪70年代末，科学家们也发现了自然界的除引力外的其他三种基本作用力都能用杨–米尔斯场描述。因此，杨–米尔斯理论对于大统一理论的建立有着至关重要的作用。

4.2.5 大统一理论的最后一块“拼图”

现在强、弱、电磁三种相互作用已经通过规范场论统一在一个家族中，人们更迫切地希望建立大统一理论。简单来说，就是把万有引力、电磁力、强相互作用力和弱相互作用力这四种基本相互作用力通过一个物理理论“撮合”起来。由于宇宙间的一切事物都可以通过这四种基本相互作用力来解释，如果大统一理论完成了，就是找到了“万物之理”。这听上去很不实际，毕竟宇宙包罗万象，怎么可能通过一个理论来进行总结呢？实际上，对于大统一理论这一“不切实际”的理论猜想，我们已经完成了75%，只差最后一块“拼图”就能补齐大统一理论蓝图了，届时，自然界所有相互作用力都来自同一个家族。

4.2.6 大统一理论的未来

到目前为止我们只统一了强、弱、电磁三种基本相互作用力，对于引力我们暂时还是没有办法通过场论进行统一。那么，这难道是理论物理已经走到尽头了吗？大统一思想不正确吗？显然不是，对于大统一理论的建立，目前萌发了很多新的理论，如弦理论、超弦理论、M理论等。虽然这些新型理论的发展可能相对没那么成熟，但是它们同时也为我们的理论物理指明了许多重要的发展方向。如超弦理论可以在理论方向上很好地探索夸克和轻子的内部结构，提出“亚夸克”模型，从而把自旋为半整数的费米子和自旋为整数的玻色子统一到一起。而对于大统一理论本身来说，有人认为，弦理论的建立还是最有可能完成大统一理论的最后一块引力“拼图”的。

那么，未来会如何真正完成大统一理论或者说如何真正“撮合”四种相互作用力的大家族呢？谁也说不清楚。但是，人类对科学的追求是永无止境的，科学家们追求真理的脚步是不会停止的。我们相信，科学家们对于找到“万物之理”的热情一定会只增不减！

（高洁、张濠撰写）

5 新材料技术

——打造意想不到的未来

纵观人类世界，科技发展史也是材料的发展史。从古至今，人类从学会利用石头开始，到利用铁、铜、铝、合金，直至现代功能材料，可以说科技发展离不开材料的发展。当今世界各种高科技新型材料层出不穷，你想不想进一步了解这些神奇的新材料呢？

5.1 纳米材料

2020年2月27日，广东省一家公司顺利生产出可以反复使用的纳米银无纺布医用口罩，结构如图5-1所示。此口罩不同于普通口罩的三层结构，它除了常规的里外两侧单层PP无纺布和中间熔喷无纺布外，还加入一层纳米银无纺布，具有吸水性强、释放高活性银离子抑杀细菌及病毒的效果。以每天连续佩戴8小时计算，一个纳米银无纺布医用口罩的使用周期能达到7天。

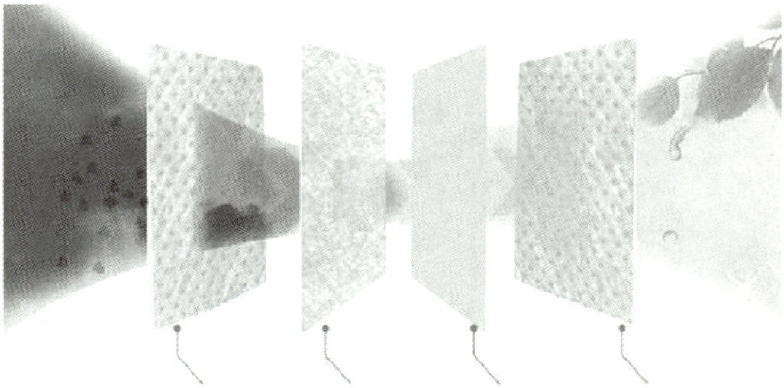

图5-1　纳米银无纺布医用口罩结构

5.1.1　纳米技术与纳米材料

什么是纳米技术与纳米材料呢？这首先得从纳米说起。纳米（nm），如同毫米、厘米、分米和米一样，是长度单位。一纳米等于十亿分之一米，相当于四倍原子的大小。从比例上讲，如果把直径为1纳米的小球放在乒乓球上，相当于把乒乓球放在地球上，你能想象出1纳米的长度吗？

纳米技术，可以简单理解为用“纳米”级别的物质或材料来完成超“酷”超“炫”的事情。1993年，中国科学院北京真空物理实验室的研究人员自如地操控原子成功写出“中国”两个字，这就是纳米技术的表现。

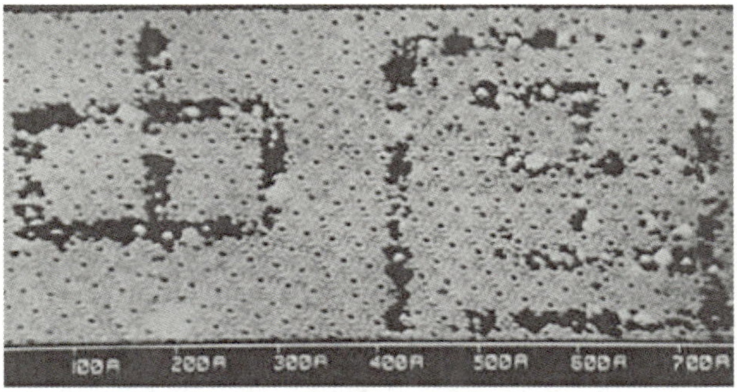

图5-2　原子字“中国”

准确地讲，纳米技术是指在纳米尺度内研究电子、原子和分子运动规律、特性的高新技术，其最终目标是人类按照自己的意愿直接操控单个原子、分子，制造出具有超能力的材料。狭义上说，这些超能力的材料就是纳米材料，它是纳米技术发展的重要基础和支持。

纳米材料是指在三维空间中至少有一维处于纳米尺度范围（一般在1～100 nm）或由它们作为基本单元构成的材料。科研人员发现，当物质的尺寸小到纳米数量级时，它就会表现出与普通材料截然不同的物理化学性能。如室温下的纳米铜具有超塑延展性，其长度可以从1 cm延长到100 cm，厚度可以从1 mm减小到0.01 mm；导电、导热的铜、银导体做成纳米尺度后，它们就失去了原来的性质，不再导电和导热了；铁钴合金做成20～30 nm大小后，其磁性要比原来高1000倍。

5.1.2 身边触手可及的纳米材料

1）天然的纳米材料

（1）荷叶

众所周知，水滴落到荷叶上会形成近似圆球形的水珠在荷叶上面滚来滚去，出现“大珠小珠落玉盘”的美丽画面，如图5-3所示。荷叶之所以能够“出淤泥而不染”，有“自我清洁”的现象，与它表面的纳米结构有关。

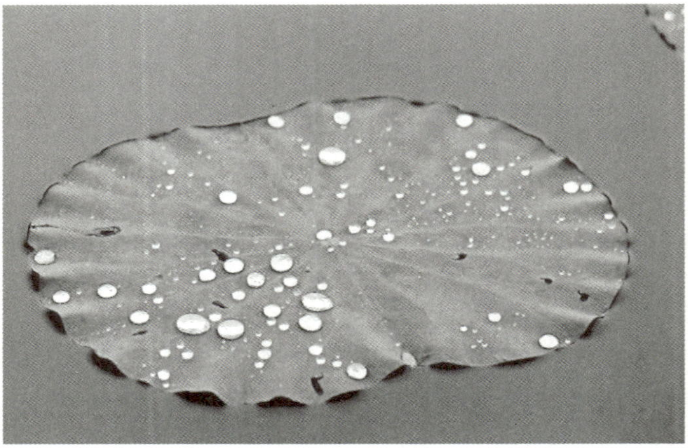

图5-3 荷叶上的水珠

20世纪90年代，德国植物学家巴特洛特（W.Barthlott）揭示了荷叶表面的结构，发现荷叶的“自洁性”与其表面的微细结构有关。荷叶表面有微米级的乳突，乳突上有纳米级的蜡晶物质，这种微纳米级的粗糙结构导致荷叶随风摇动时，荷叶上的水珠随着荷叶晃动极易滚动，水珠在荷叶表面滚动时就会带走荷叶表面的污染物或污渍、尘土，从而达到自我清洁的效果。荷叶的这种自我清洁的特性被称为“荷叶效应”。

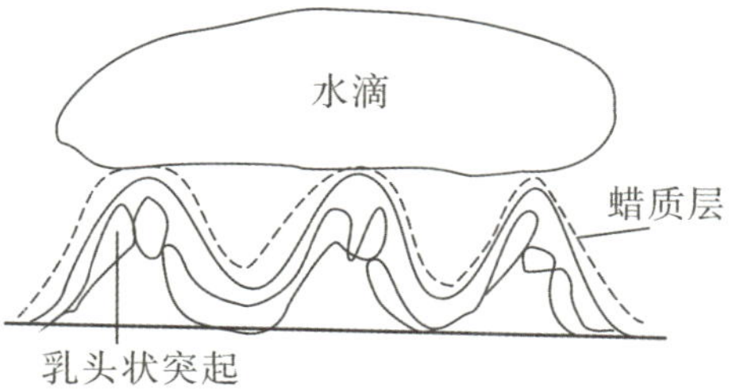

图5-4　荷叶的结构

（2）玫瑰花瓣

玫瑰花瓣上的液滴不像荷叶上的液滴可以轻易地滚落，它们往往牢固地附着在花瓣表面，即使花瓣旋转180°，水滴也不会掉落，使玫瑰花保持鲜丽水润的外观。科研人员探索了玫瑰花瓣的微观结构，揭示了玫瑰花瓣高黏附特性的原理。玫瑰花瓣表面由微米尺度的乳突组成，而在乳突的尖端则是许多纳米尺度的折叠结构，这种纳米折叠结构正是导致玫瑰花瓣高黏附特性的关键因素。

我们的身边还有哪些天然的纳米材料呢？你来找找看！

2）人工合成纳米材料

随着纳米技术的不断发展，人工合成纳米材料也步入了我们的生活，并改变着我们的衣食住行。

（1）衣。随着现代人对生活高品质的追求，人们对服装的材料和性能也不断地提出新的要求，市场上形形色色的“纳米”服装也应运而生。如美国斯坦福大学的研究人员开发出一种采用纳米线编织的新型服装，既能够产生热量又可以保持来自身体内的热量，比普通衣物要暖和很多；上海的东华大学将纳米技术应用在纤维上，研制出多种具有抗紫外线、抗菌、保暖等功能的“纳米衣”。军服是一种特殊的功能性服装，它为纳米技术大显身手提供了机会。新型的军服不但防油、防水、抗菌、抗污，并且具有抗紫外线、抗老化和热老化，及保暖隔热的作用。

（2）食。纳米技术在食品工业上得到了广泛应用。纳米淀粉、纳米钙、纳米铁等纳米食品相继问世。在食品保鲜方面，在包装材料中加入纳米银粉，可以加速氧化果蔬食品释放出来的乙烯，从而达到保鲜效果。用纳米技术做成的新型塑料可以制成“抗菌”餐具，不仅无毒无害，废弃后还能自动降解。

（3）住。纳米涂料在建筑涂料中已经独领风骚，其耐老化、耐洗刷、光洁度高、无毒无味等性能是传统建筑涂料无法企及的。用纳米技术处理后的一种纤维，可做成“阻燃织物”，用它做窗帘、做墙纸，遇上着火竟然不会燃烧，防患于未然，让人住得安心安全。纳米玻璃具有隔热恒温、防紫外线、阻音防噪等独特的优势。

（4）行。纳米油漆可以涂在汽车上，让汽车的划痕更少。纳米塑料具有强度高、耐热性强、比重更小的特性，可以用于汽车的散热器、底盘、仪表盘、安全气囊等部件。纳米橡胶、纳米润滑剂等材料的显著特性，使它们在交通工具上的应用越来越普遍。

5.1.3 纳米技术的诞生

纳米技术的思想是1959年美国物理学家费曼（R. P. Feynman）提出的。到了20世纪70年代后半期，有人倡导发展纳米技术，但是当时多数主流科学家对此仍持怀疑态度。20世纪70年代中期到80年代后期，不少科学家相继在实验室制备得到纳米尺度的材料，并发现这种材料具有不少奇妙特性。1990年，国际商用机器公司的研究人员运用扫描隧道显微镜将氙原子拼成了该公司商标，这是第一次公开证实在原子水平有可能以单个原子精确生产物质，纳米技术开始成为媒体关注的热点。1990年7月，第一届国际纳米科学技术会议在美国巴尔的摩召开，标志着纳米科技的正式诞生。

5.1.4 纳米技术的前沿研究

1）纳米发电机

纳米发电机是在纳米范围内将机械能转化成电能的发电机，是世界上最小的发电机。目前纳米发电机主要有三类，分别是压电纳米发电机、摩擦纳米发电机和热释电纳米发电机。在纳米发电机发展过程中，华人科学家王中林院士作出了开创性贡献。

压电纳米发电机是利用特殊纳米材料（如氧化锌）的压电性能与半导体性能，把弯曲和压缩的机械能转变为电能的微型发电机。2006年，王中林课题组首次报道了压电纳米发电机。氧化锌作为一种新型半导体压电材料，化学成分与晶体结构比较简单，经过几年的研究，科学家已经大量合成出一系列不同形貌的氧化锌纳米结构，并能较好地控制其纯度、尺寸、形貌以及晶体结构，这为大功率的纳米发电机的开发提供了重要的物质基础。然而，压电纳米发电机虽然发明较早，但过低的输出电流限制了其发展和应用。

摩擦纳米发电机是基于静电感应和摩擦起电的耦合作用，利用两种对电子束缚能力不同的材料相互接触时得失电子而在外电路产生电流的微型发电机。摩擦纳米发电机有两个基本特点：①摩擦发电产生的电流较小；②材料选择及设计上增加纳米结构，以便增大摩擦，提高发电效率。2012年，王中林课题组首次报道了摩擦纳米发电机。迄今为止，摩擦纳米发电机已有垂直接触分离、水平滑动、单电极、独立层四种工作模式，输出功率密度从每平方米3.67毫瓦飙升至300多瓦。作为微纳电源，摩擦纳米发电机可以为微小型设备供电，可以作为自驱动传感器用于健康监测、生物传感等。

热释电纳米发电机是一种能量收集装置，它利用纳米结构中的热释电材料把外界的热能转换成电能。而热释电材料是某些各向异性的固体材料，当它的自发极化随温度涨落时，便会产生热释电效应。热释电纳米发电机通过收集废弃的热量作为能源，这种新型的纳米发电机在无线传感器、温度成像、医学诊断以及个人电子产品方面都具有潜在的应用价值。

纳米发电机的问世，为实现集成纳米器件，实现真正意义上的纳米系统奠定了技术基础；它是研制具有自供能的新型同步内置生物传感器和生物医药监控、生物活体探测的基础。

有朝一日，在鞋内装上一个“纳米发电机”，我们就可以一边走一边给手机充电了！

2）纳米药物

近年来，纳米材料和纳米技术越来越多地进入临床应用阶段。纳米药物领域的研究越来越受到科学家的青睐，他们的研究内容主要围绕肿瘤治疗纳米药物和纳米药物载体与药物递送等方面。

肿瘤治疗纳米药物是根据肿瘤细胞和肿瘤组织靶向性给药的特性设计出来的，能明显改善肿瘤治疗。其中，肿瘤光热治疗技术是肿瘤治疗的新手段，它是采用对于人体组织有较强穿透能力的近红外光作为能量源，通过各种靶向技术主动或被动集中在患处的纳米光热治疗剂在能量源的照射下产生热量，从而达到破坏肿瘤组织，治疗肿瘤的目的。因其创伤小以及并发症少等优势，逐渐引起了人们的广泛关注。纳米光热材料还可以通过表面修饰等手段起到造影作用，或与化学疗法、放射疗法和免疫疗法等协同治疗，成为有效对抗肿瘤的多功能诊疗剂。纳米光热材料主要有无机纳米光热材料和有机纳米光热材料两大类。目前研究比较多的无机纳米光热材料，以金纳米材料为主。

纳米药物载体与药物递送方向的研究近年发展迅速。纳米药物载体与药物递送具有缓释药物，延长药物作用时间；靶向输送药物；在保证药物作用的前提下减少给药剂量，减轻或避免毒副反应；提高药物的稳定性，有利于储存等优点，是现代药剂学发展的重要研究方向。主要用于药物载体的纳米材料包括纳米脂质体、聚合物胶束、纳米囊和纳米球、纳米磁性颗粒、氧化石墨烯、介孔二氧化硅纳米粒等，将它们与药物相结合，注入人体内，药物可在病变部位集中，从而达到定向治疗的目的。氧化石墨烯具有良好的水溶性，可用于难溶性药物的增溶；表面功能化强，使它具有超高载药率，并可有效杀伤肿瘤细胞。介孔二氧化硅因多孔性、比表面积大、便于修饰性、毒性低等特点，得到广泛应用，具有广阔的发展前景。

3）纳米生物和医学检测技术

纳米生物和医学检测技术研究的热点集中在分子影像诊断的纳米探针技术研究上。纳米探针在影像学中的不断应用，使影像医学的研究深入到探索分子水平对疾病的异常结构和功能进行分子水平显像，在疾病早期就可以做出准确的诊断。纳米探针具有影像信号强度大、靶向效果好、代谢动力学可控等显著的优点。近年来，对纳米探针的研究成为纳米生物医学检测领域的前沿热点。

4）纳米技术的安全性

随着纳米科技的快速发展，各国对纳米技术的安全性问题的重视不断加强。纳米材料对人体健康的风险研究和纳米材料对环境风险的研究逐渐引起科学家的关注。中国科学院白春礼院士在第243次香山科学会议上，在《纳米科技：发展趋势与安全性》的主题评述报告中指出关于纳米安全目前面临的难题：纳米物质对人体的危害有多大，可以通过何种途径进入人体？纳米颗粒污染在大气污染中占多大比重，是如何产生的，以何种形式存在？如何检测，如何治理？等等。世界各国在这方面的研究才刚刚起步。对纳米技术安全性的研究，可以促进纳米科技的健康发展。对这一领域的研究不仅会为纳米技术产品的安全应用提供指导，还可以更有效地防控生活中的纳米物质造成的大气及环境污染，造福人类。

5）纳米催化

纳米技术的发展已经广泛地渗透到催化研究领域，其中最典型的就是纳米催化剂的制备及其应用方面的研究。

纳米催化剂通常由活性组分和载体两部分组成。常见的活性组分包括金属（及其化合物）、半导体、碳基材料等，这些活性材料的尺寸、形貌、结构、组成等是影响催化效果的重要因素。目前，科研工作者出于成本考虑，在保证活性组分催化活性的前提下，用储量丰富、价格低廉的普通金属或者非金属材料代替贵金属，尽量减少贵金属的使用。中国科学院大连化学物理研究所的科研人员，创造性地给金属铁纳米催化剂穿上碳纳米层“铠甲”，提高了铁基催化剂在燃料电池中的稳定性和抗中毒能力，为未来非贵金属催化剂在燃料电池中的应用指明了方向。常用的载体包括氧化物（SiO_2、TiO_2、Fe_3O_4等）、碳基材料（石墨烯、碳纳米管等）、多孔材料等。载体不仅为活性组分高度分散提供了表面，而且可以参与催化过程。

纳米催化剂研究虽然已取得了一些成果，但仍然有许多问题需要解决。如对控制微粒的形状、分布、粒度等技术和纳米微粒的收集、存放问题缺乏深入研究；纳米催化材料的实用化技术尚少，对纳米催化材料的性能测试和表征手段有待改进等。这些难题的攻克需要科学家的不断探究。

6）纳米测量技术

纳米测量技术主要是指在纳米尺度和精度的测量技术。纳米测量技术不同于传统的测量技术。首先，纳米测量必须提供纳米级（甚至亚微米级）测量精度；其次，纳米测量必须保证在纳米尺度上有相对稳定的重复性；再次，纳米测量要对微小尺寸实现高精度三维形貌的度量，度量难度大，需要的测量仪器的造价和维护费用普遍很高；最后，纳米测量对温度、湿度及振动等环境要求很高。近十几年来，随着测量技术的飞速发展，出现了多种可以实现纳米测量的技术和仪器。近期纳米级测量技术主要有两个发展方向，即光干涉测量技术和扫描显微测量技术。

纳米测量中存在的问题限制了它的发展。研究纳米材料和纳米器件，对它们的表征和测量起着至关重要的作用，但人们对纳米材料和器件的许多基本特征、结构和相互作用了解还不充分，使其在设计和制造中存在许多的盲目性，导致现有的测量表征技术存在许多问题，从而限制了纳米测量技术的发展。纳米尺度下的测量无论是在理论上，还是在技术和设备上都需要深入研究。

未来纳米测量技术的进一步发展需要你们的参与！

5.2 电流也可以畅通无阻的材料——超导材料

2019年9月20日下午，由中国科学院合肥物质科学研究院等离子体物理研究所承担研制的国际热核聚变实验堆（ITER）计划首个大型超导磁体线圈——极向场6号线圈（PF6线圈）竣工交付。PF6线圈是国际上研制成功的质量最大、难度最高的超导磁体。PF6线圈的成功制造打破了发达国家在这一领域的技术壁垒。

5.2.1 电流畅通无阻的材料——超导材料

1）什么是超导体

超导体，别名超导材料，指在某一温度下电阻为零的导体。在实验中，若导体电阻的测量值低于$10^{-25}\ \Omega$，可以认为其电阻为零。能够使电阻发生变化的温度被称为临界温度，人们把临界温度低于液氦温度（小于77 K）的超导体称为低温超导体或常规超导体，具有代表性的材料是Nb-Ti（铌钛）和Nb_3Sn（铌锡）；高温超导体的临界温度在液氮温度以上（大于77 K），具有代表性的材料是以铜为主要元素的多元金属氧化物。

2）超导材料的特性

特性就如同每个人的指纹一样，独一无二。超导材料有哪些特性呢？

（1）零电阻效应。当温度下降到某一临界温度时，超导体的电阻突变为零，这就是大家最熟知的零电阻效应。这个时候电子在超导体中运动就像在高速公路上一样畅通无阻。

（2）迈斯纳效应。当置于磁场中的导体温度下降到某一临界温度过渡到超导状态时，原来进入此导体中的磁力线会被完全排斥在体外，磁力线无法穿过超导体，超导体内的磁场为零。这个特性又被称为完全抗磁性。该特性是迈斯纳（W. Meissner）与奥森菲尔德（R. Ochsenfeld）在1933年发现的。

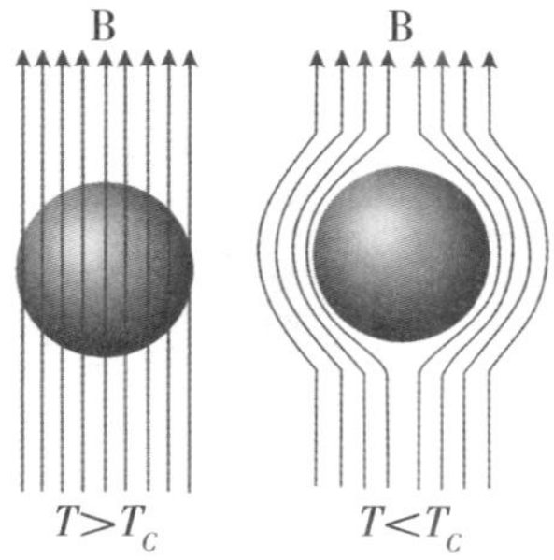

图5-5　完全抗磁性

（3）约瑟夫森效应。两块超导体通过绝缘薄层（厚度为1 nm左右）连接起来，绝缘层就像一座高山，表面上阻碍了电子的运动，事实上超导体中的电子可以通过高山底部的隧道穿过此山进入另一超导体中，这是特有的量子力学的隧道效应。这种组合称为S-I-S超导隧道结或约瑟夫森结。

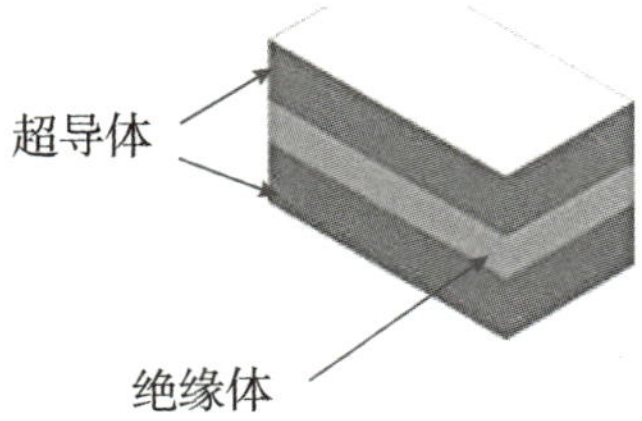

图5-6　约瑟夫森效应

5.2.2　超导材料的广泛应用

超导材料的新奇特性使其在电力、通信、医疗、交通等领域有着广泛的应用。超导材料的应用不仅能提高工作效率，在这个能源越来越紧缺的时代，超导材料也必然能大大节约资源。

1）超导电缆

超导电缆（如图5-7所示），采用在液氮温度下无电阻传输大电流，超导体的传输损耗仅为传输功率的0.5%，比常规电缆5%～8%的损耗要低得多。此外，同样截面超导电缆的电流输送能力是常规电缆的3～5倍，在城市用电扩容上节约占地面积和空间，节省宝贵的土地资源。

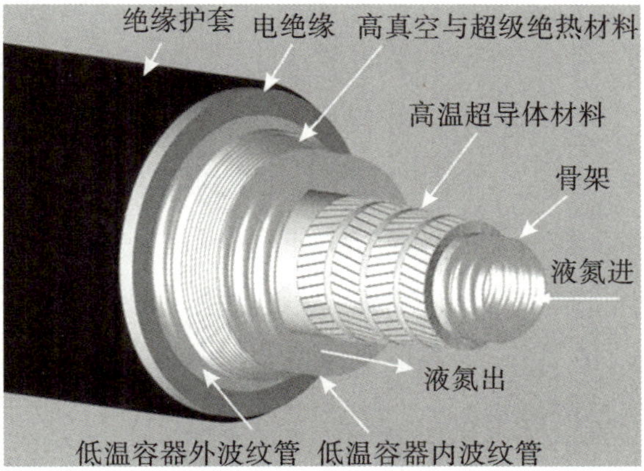

图5-7 超导电缆

2）超导磁储能

超导磁储能系统是采用超导线圈把电能以电磁能的形式储存起来，线圈中所储存的能量几乎可以无损耗地永久储存起来，直到需要时再将电磁能返回电网或其他负载的一种电力设施。该系统直接存储电能，具有无能量形式转换、响应速度极快、储能密度大、转换效率高，且超导线圈处于超导状态时没有焦耳热能散失等优点。

3）高温超导滤波器

滤波器是一种用来消除干扰杂信的器件，将输入或输出经过过滤而得到纯净的直流电。它是通信系统中的关键器件，作用是对电信号进行提取、分离或抑制。高温超导滤波器是采用高温超导薄膜为材料制成的。高温超导滤波器具有很高的信噪比，比传统滤波器的性能有很大的提高。目前，我国的部分移动通信基站已经采用铜氧化合物高温超导滤波器。

4）超导量子干涉仪

超导量子干涉仪是利用约瑟夫森效应制备的最为精确的

微弱磁场探测器之一。在医学上，超导量子干涉仪可以检测出人体心脏和大脑的活动所产生的磁场。你知道这个磁场的大小吗？10^{-14} T。这样说你可能没什么直观的体会，我们可以和地球磁场做一下比较，地磁场的磁感应强度约10^{-5} T，现在你可以判断出超导量子干涉仪的灵敏度有多高了吧！利用超导量子干涉仪还可以大大促进对海豚、金枪鱼、海龟、候鸟等生物体内微小磁体的探测，揭秘它们对生物体的影响。

5）超导磁悬浮列车

超导磁悬浮列车是利用超导材料在超导态时具有的零电阻效应和迈斯纳效应制造的，它通过电磁力实现列车与轨道之间的无接触的悬浮和导向。列车在悬浮无摩擦状态下运行会很大程度地提高其速度和安静性，并有效减少机械磨损。2019年5月23日，我国时速600千米的高速磁悬浮试验样车在青岛下线。这标志着我国在高速磁悬浮技术领域实现重大突破。高速磁悬浮列车可以填补航空与高铁客运之间的旅行速度空白，对于完善我国立体高速客运交通网具有重大的技术和经济意义。

2021年1月13日，由我国自主研发设计、自主制造的世界首台高温超导高速磁悬浮工程化样车及试验线在成都下线启用，预期运行速度目标值大于600 km/h。

2021年7月20日，由中国中车承担研制、具有完全自主知识产权的我国时速600千米高速磁悬浮交通系统在青岛成功下线，这是世界首套设计时速达600千米的高速磁悬浮交通系统。该高速磁悬浮交通系统成功攻克关键核心技术，系统解决了速度提升、复杂环境适应性、核心系统国产化等难题，实现了系统集成、车辆、牵引供电、运控通信、线路轨道等成套工程化技术的重大突破，标志着我国掌握了高速磁悬浮成套技术和工程化能力。

6）超导核磁共振

核磁共振成像仪是一台巨大的圆筒状机器，它能在被检测对象的周围制造一个强大磁场区，借由无线电波的脉冲撞击身体细胞中的氢原子核，改变身体内氢原子的排列，当氢原子再次进入适当的位置排列时，会发出无线电信号，此信号借由电脑的接收并加以分析及转换处理，可将身体构造及器官中的氢原子活动转换成影像。超导核磁共振成像系统是指主磁体为超导磁体的磁共振成像设备。超导磁体的磁场强度一般为0.35 ~ 3.0 T，用液氦及液氮冷却。临床诊断中一般磁场强度有1.5 T和3.0 T两种。核磁共振成像是最为精确的医学检测手段之一。

5.2.3 超导材料的成长历程

1911年，荷兰物理学家昂纳斯（H. K. Onnes）用液氦冷却汞，发现当温度下降到4.2 K时，汞的电阻完全消失，昂纳斯将这种现象称为超导电性。

1933年，迈斯纳和奥克森菲尔德两位科学家发现超导体的完全抗磁性，后人称之为“迈斯纳效应”。

1973年，人们发现了超导合金——铌锗合金，其临界超导温度为23.2 K。

1980年，法国科学家杰罗姆（D. Jerome）等人合成出第一个有机超导体（TMTSF）$_2PF_6$。

1986年，缪勒（K. A. Müller）和伯诺兹（J. G. Bednorz）发现一种成分为钡、镧、铜、氧的陶瓷性金属氧化物$LaBaCuO_4$具有高温超导性，临界温度可达35 K。由于陶瓷性金属氧化物通常是绝缘物质，因此这个发现的意义很大。此后，高温超导的研究迅速发展。同年，美国贝尔实验室研制出临界超导温度达40 K的超导材料，打破液氢的“温度壁垒”（40 K）。同年12月26日，中国科学院赵忠贤小组获得临界温度为48.6 K的Sr–La–Cu–O超导体。

1987年，美国华裔科学家朱经武以及中国科学家赵忠贤相继研制出钇–钡–铜–氧系材料，临界超导温度提高到90 K以上，打破液氮的“温度壁垒”（77 K）。同年底，科学家发现铊–钡–钙–铜–氧系材料的临界温度达125 K。

1988年，人们发现，汞系超导材料的临界温度达135 K，在高压条件下，其临界温度将能达到164 K。

5.2.4　超导材料的前沿研究

自超导现象被发现以来，超导材料的研究一直备受各界科研人士的关注。超导材料不仅是过去，也是现在及未来的研究热点。

寻找更高临界温度的超导体是超导研究的重要任务。1911年发现超导现象，当时的临界温度为4.2 K，科学家一直在寻找能在室温下具有超导性的材料。经过一个世纪的不断探索，科学家发现的超导材料越来越多，最高临界温度的纪录也在不断刷新，逐步向室温目标迈进。2019年《自然》杂志上，美德两国科学家组成的研究小组发表论文称，高压下的氢化镧在250 K下具有超导性。科学家追求的最终目标是室温超导，在对超导微观机理不断清楚的基础上，相信实现室温超导不是梦想！

新型超导材料的研究也是目前超导研究的前沿。科学家对铜氧化物超导体、铁基超导体、二维超导体以及近期受到广泛关注的高压富氢体系和魔角石墨烯超导的研究都很青睐。同时，超导材料在制备中的新型调控技术和超导材料的分析测试手段也备受科学家的关注。

大多数超导体目前仍然仅在超低温下工作，这就意味着超导材料在实际应用中必须有一个低温环境，无论用液氮还是液氦来维持低温环境，费用都是相对较高的，因此，加强与超导技术应用密切相关的低温制冷技术和低温系统的研究，推进超导产业的市场化和规模化是科学家关注的又一个前沿。

超导现象有多种优良的性能，它必将给人们带来翻天覆地的变化，这很可能是第四次科技革命的开始，让我们拭目以待吧！

5.3　U盘里存储容量超大的磁性材料——巨磁电阻

2007年10月9日，瑞典皇家科学院宣布，法国科学家费尔（A. Fert）和德国科学家格林贝格尔（P. Grünberg）共同获得2007年诺贝尔物理学奖。

这两名科学家获奖的原因是先后独立发现了“巨磁电阻”效应。瑞典皇家科学院在评价这项成就时表示，2007年的诺贝尔物理学奖主要奖励“用于读取硬盘数据的技术”。这项技术被认为是“前途广阔的纳米技术领域的首批实际应用之一”。

5.3.1　磁电阻效应与巨磁电阻效应

许多导体材料的电阻受外加磁场大小的影响，这种磁场大小的变化引起导体电阻率变化的现象被称为磁电阻（MR）

效应。磁电阻效应的产生有不同的物理机制，按不同的物理机制可分为正常磁电阻效应、各向异性磁电阻效应、巨磁电阻效应、隧道磁电阻效应、超巨磁电阻效应等。

巨磁电阻（GMR）效应可以在磁性材料和非磁性材料相间的薄膜层（几个纳米厚）结构中观察到。这种结构的物质的电阻值与铁磁性材料薄膜层的磁化方向有关，两层磁性材料磁化方向相反情况下的电阻值，明显大于磁化方向相同时的电阻值，电阻在很弱的外加磁场下具有很大的变化量。如图5-8所示，左面和右面的材料结构相同，两侧是磁性材料薄膜层，中间是非磁性材料薄膜层。左面的结构中，两层磁性材料的磁化方向相同。右面的结构中，两层磁性材料的磁化方向相反。当电子的自旋方向和磁性材料磁化方向相同时，电子较容易通过两层磁性材料，呈现小电阻。反之，电子较难通过两层磁性材料，呈现大电阻。

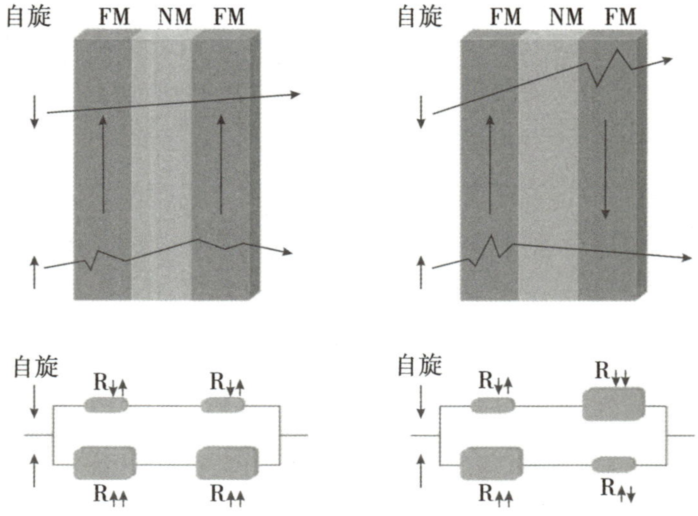

图5-8　巨磁电阻效应示意图

5.3.2 巨磁电阻的应用

1）磁记录的读出磁头

磁记录的读出磁头是采用薄膜电阻磁头读取信息，磁场的微弱变化对应着磁电阻的显著变化，电阻的变化通过磁头的电流读出。该应用使存储单字节数据所需的磁性材料尺寸大大减小，磁盘的存储能力得到大幅度的提高，保证了记录介质的稳定性，是最有希望实现超高密度记录的技术。

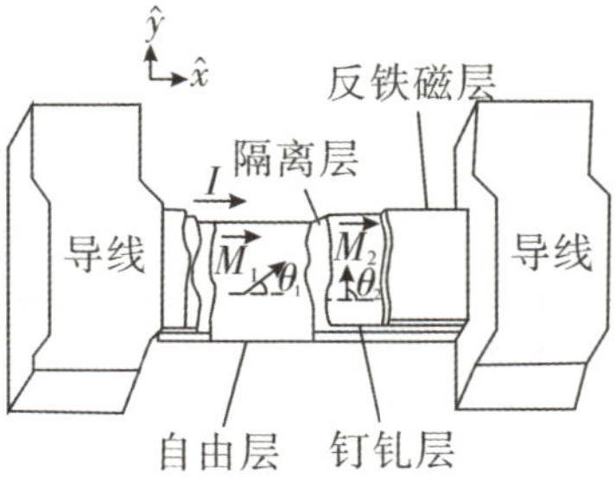

图5-9 GMR读出磁头的工作原理

2）GMR磁传感器

GMR磁传感器是一个集磁性薄膜、半导体集成及纳米技术于一体的高新技术产品。与光电等传感器相比，它具有功耗小、可靠性高、体积小、能工作于恶劣环境等优点。在制造成本上，GMR磁传感器大大低于某些传感器。它可用于导航、高速公路的车辆监控系统、探测dc与ac电流、隔离器和电子线路中的反馈系统（开关电源）等，广泛应用于信息、电机、电子电力、能源管理、汽车、磁信息读写及工业自动控制等领域。

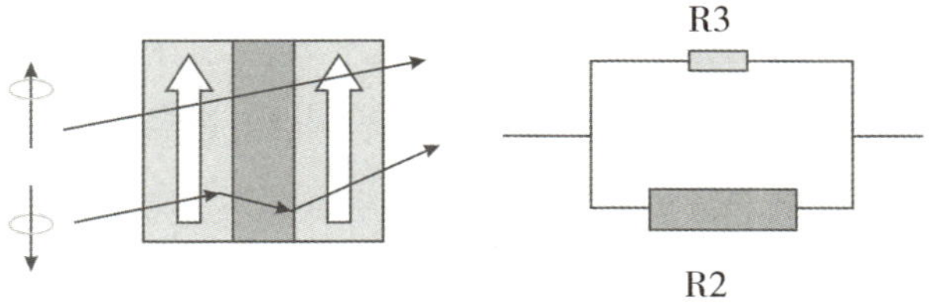

图5-10 GMR磁传感器

3）GMR随机存储器MRAM

GMR随机存储器MRAM指以磁电阻性质来存储数据的随机存储器。它拥有高速度读取、写入功能，拥有高集成度，且可以无限次重复写入。MRAM是大多数手机、移动设备的潜在替代产品。从它的特性来看，可以预计它将解决计算机和手机启动慢、数据丢失、数据装载缓慢、电池寿命短等问题，能明显改变消费者使用电子设备的方式，被认为是电子设备中的理想存储器。

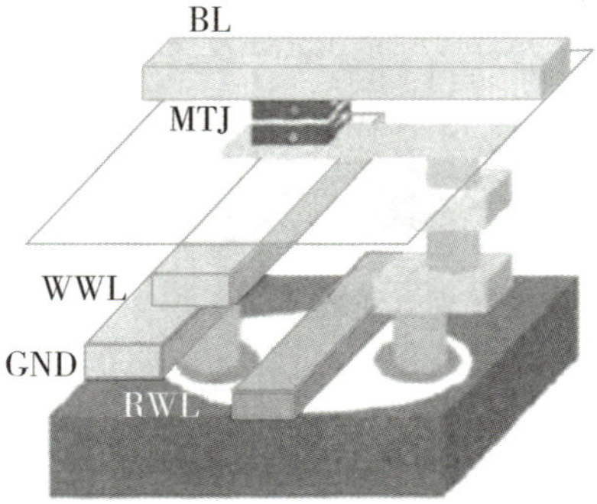

图5-11　MRAM结构

5.3.3　巨磁电阻的发展历史

1988年，德国科学家格林贝格尔和法国科学家费尔分别独立发现了巨磁电阻效应。其中，格林贝格尔小组的实验结果显示，由铁、铬、铁组成的三层材料，电阻下降了1.5%；而费尔小组的实验结果显示，由铁和铬组成的多层材料，电阻下降了50%。

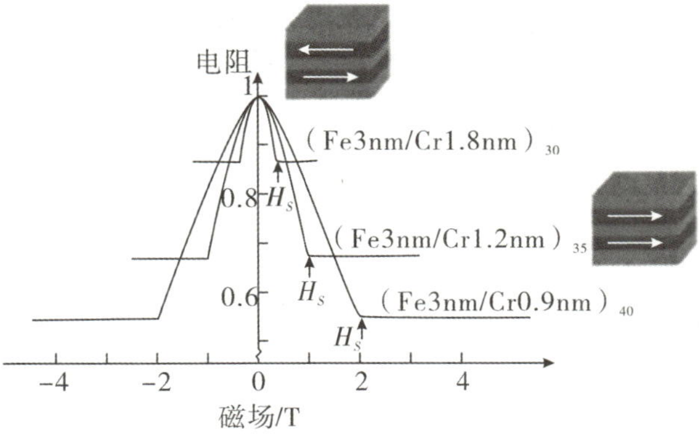

图5-12　首次发现的巨磁电阻效应

1990年，帕金（S. P. Parkin）首次报道了除铁-铬超晶格外，还有钴-钌和钴-铬超晶格也具有巨磁电阻效应。在随后的几年，科学家们在过渡金属超晶格和金属多层膜中找到了20种左右具有巨磁电阻振荡现象的不同体系。

1994年，巨磁电阻效应的读出磁头问世，该磁头将磁盘记录密度提高了17倍，从而使得磁盘在与光盘的竞争中重新回到领先地位。目前，巨磁电阻技术已经成为众多电子产品（如计算机、数码相机等）采用的标准存储技术。

5.4　夜晚也可以照相的镜头——红外光学材料

1800年，英国物理学家赫舍尔（W. Herschel）从热的观点来研究各种色光时，发现了红外线。他在研究各种色光的热量时，有意地把暗室唯一的窗户用暗板堵住，并在板上开了一个矩形孔，孔内装了一个分光棱镜。当太阳光通过棱镜时，便被分解为彩色光带，并用温度计去测量不同颜色的光带所含的热量。为了与环境温度进行比较，赫舍尔又在彩色光带附近放了几支作为比较用的温度计来测定周围环境温度。

实验中，他偶然发现一个奇怪的现象：放在光带红光外的一支温度计，比室内其他温度计的示数值高。经过反复试验，这个所谓热量最多的高温区，总是位于光带最边缘处红光的外面。于是他猜测太阳发出的辐射中除可见光线外，还有一种人眼看不见的“热线”，这种看不见的“热线”位于红光外侧，叫作红外线。红外线是一种电磁波，具有与无线电波及可见光一样的本质。红外线的发现是人类对自然认识的一次飞跃，为研究、利用和发展红外技术开辟了一条全新的广阔道路。

图5-13　红外线测像仪图像

5.4.1　夜晚也可以照相的镜头——红外光学材料

为什么夜晚的时候光线不佳，我们仍旧可以用照相机照相？这种夜晚可以照相的镜头和我们传统的镜头又有何不同？

其实夜晚可以照相的镜头运用的是拥有红外光学材料的相机镜头，其感光部分可以接收红外辐射传递的信号，而所谓红外线，就是在光谱中可见光的红光以外的部分，具有光的特征，却不为人的目光所见，所以叫红外线。

现在的照相机都是数码相机，数码相机的光电传感器也同样能感受红外线，并形成电流，以此在底片上成像。

红外光学材料主要分为玻璃、塑料和晶体三大类。红外光学材料是指应用在制导技术和红外成像中，制造滤光片、透镜、棱镜、整流罩等的一类材料。这些材料的核心指标是有良好的红外透光性和较宽的投影波段。

红外光学系统中所使用的材料一般还具有以下特点：

（1）红外光学材料不仅种类有限，而且价格昂贵。

（2）某些材料的折射率温度系数（指光的折射率受温度变化而变化）较大，导致焦距随温度的变化较大。

（3）部分红外光学材料加工以及安装较困难，由于易碎，成品率不高，且化学稳定性较差。

（4）许多红外光学材料不透明，且会依据材料和波段的不同而表现出不同的颜色。

（5）红外光学材料受热时会发生自辐射，导致杂散光的形成。

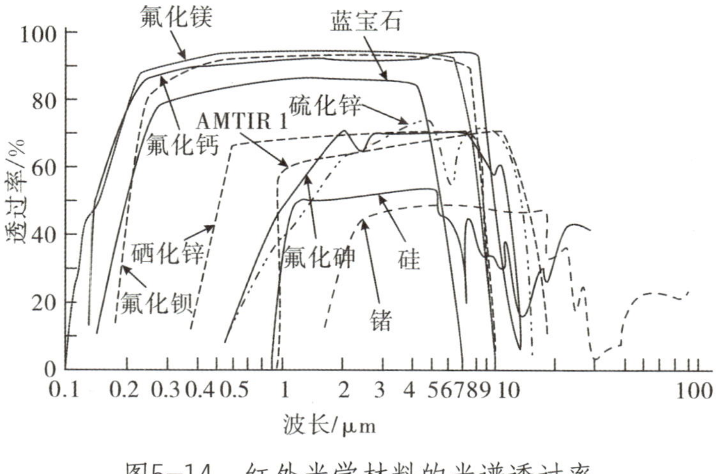

图5-14　红外光学材料的光谱透过率

5.4.2 红外光学材料的应用

1）高速导弹

导弹武器为国防中极其重要的一环。在21世纪的今天，高速导弹越来越成为信息化战争的主战装备、实现精确作战的必备武器。而高速导弹也从原先单一的红外制导、雷达制导更替为当下的紫外–红外双模制导、红外–毫米波复合制导。其中红外光学材料充分发挥了其具有高精度探测、抗干扰能力强的特点。通过此发展变化后的高速导弹可以增大攻击距离，加强光电对抗，增强自主攻击和抗外界背景干扰的能力。

2）红外热释电传感器

红外热释电传感器采用高热释电系数的材料做成探测元件，利用它捕捉红外辐射并转化为电信号，最后通过放大电路进行信号处理，以显示探测结果。这种传感器通常会用于人体探测（人体辐射的红外线中心波长约为10微米）。只要在传感器内采用合适的滤波片来锁定频率范围，就可以比较精确地探测到附近是否有人。

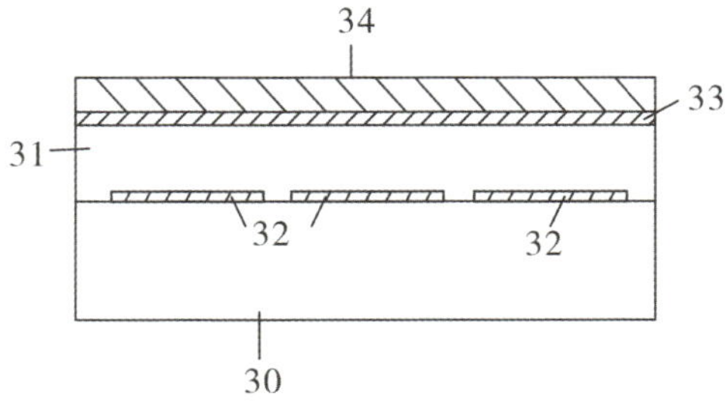

图5-15　红外热释电传感器

3）其他军事领域的运用

中波红外光学材料在军事领域得到较为广泛的运用，在红外制导导弹、红外热像仪、红外辐射测量仪、激光测距、激光瞄准等方面都有不可替代的作用。高技术武器尤其是精确制导的战术导弹、红外以及其他复合制导的技术，使战术导弹瞄准距离等误差范围一再缩小。红外光学晶体是精密武器的关键部件。

5.4.3　红外光学材料的发展历史

1）红外光学系统

（1）1800年，英国物理学家赫舍尔通过棱镜与温度计发现了红外线的存在，为红外光学材料的开辟与运用奠定了良好的基础；

（2）20世纪50—60年代，出现了能提高红外信号信噪比的浸没透镜；

（3）20世纪60年代后期至70年代，红外光学材料的工作重点在于二级、多级和连续变焦镜头；

（4）20世纪70年代后，主要研究无焦变焦系统、高级成像系统、高速广角系统等。

2）红外探测器

（1）19世纪20—30年代，最先使用了热电偶和热电堆。

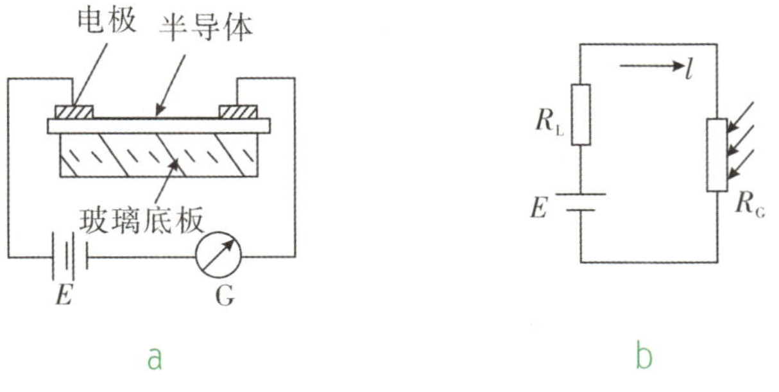

图5-16　光敏电阻的结构

（2）20世纪20—30年代，发现了以内外光电效应为基础的光敏电阻、矿石检波器和变像管；20世纪40年代，发现了无选择性的高莱管，推动了红外光谱仪的发展。

（3）20世纪50—60年代，发现了极其有价值的HgCdTe、热释电探测器等，意味着从单个探测器向线阵方向发展。

现今红外光学材料的运用已经融入我们生活的各个方面，从验钞机、夜晚可以照相的镜头，到红外线探测仪、军事领域中的导弹等各方面，无不有红外光学材料的身影。

5.4.4 红外光学材料的前沿研究

红外光学材料是指在红外成像与制导技术中用于制造棱镜、透镜、滤光片、整流罩等的一类材料。

1）晶体材料

红外光区的晶体材料大多为ABC_2型的黄铜矿结构半导体材料，虽然因为激光损伤阈值太小，容易发生光吸收和光散射，但是其有两个突出优点：一是非线性光学系数大，二是中远红外透过率高。可惜它由于普遍得不到高质量、大尺寸的单晶体而被限制了运用。因此，目前多晶体材料的地位逐

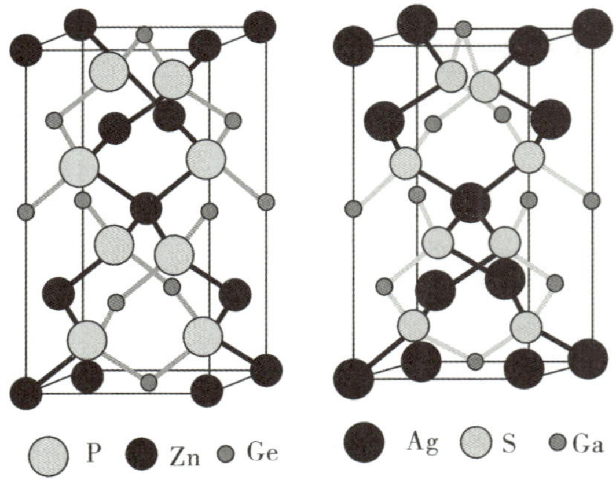

图5-17 $ZnGeP_2$和$AgGaS_2$的晶胞结构

渐提升，逐渐取代了单晶体材料。

按材料的组成，红外光学材料中的晶体材料可分为ABC_2型黄铜矿结构化合物、硫属元素其他化合物和AMX_3型卤化物三大类。晶体材料的非线性光学系数和它们的激光损伤阈值成反比关系。虽然目前有许多新材料在某些方面拥有优势，但从整体上看，至今还没有材料能够替代$ZnGeP_2$。

红外非线性光学材料大多是半导体，由于带隙较小，它们的激光损伤阈值普遍较低。因为决定激光损伤阈值的重要因素就是带隙大小，且二者成正比关系，而绝缘材料具有大的带隙宽，所以绝缘材料将是红外非线性光学材料的突破口。

2）玻璃

玻璃可以近似地看作是一种过冷的无定形熔融体，玻璃与其他类型的红外光学材料，特别是和单晶材料比较，具有光学均匀性好，制备工艺简单，可熔铸成各种形状、尺寸，易加工，价格低廉等优点。主要分为氧化物玻璃和硫属化合物玻璃。

图5-18　红外玻璃

通常的氧化物玻璃是硅酸盐体系，在2～3μm以后就不透明了。在氧化物玻璃中，主要有害杂质是水，我们可以通过真空熔炼法去除水杂质。而硫属化合物玻璃由于元素氧化学键对大于6μm波长的红外线有强烈的吸收，故硫化物代替氧作为玻璃的基本成分，从而研制出硫属化合物玻璃。这些材料具有更长的透射波长限、更高的使用温度。目前硫属化合物一般采用真空熔铸法和压铸法制备。中波红外玻璃综合了优良的透红外性能，而且能够大尺寸制备。在军事、环境监测、医学治疗以及基础研究等领域均具有广泛的应用。其中3～5μm波段的中红外光学材料在民用和军事领域均有比较重要的应用。但其对光学、化学、力学、热学、电学等性能均有较高的要求。

3）红外光窗的雷达隐身和抗电磁干扰

对于当下军事器械等的发展趋势而言，雷达能否隐身已经作为判断军事器械优劣的方式之一。通常检测是否有飞机等进入管辖领域，均是利用雷达检测去观察，如若可以做到雷达隐身，则可以达到“神出鬼没”的地步，以此增强军事实力。雷达隐身可以通过光电窗口的隐身达到目的。而若想要达到雷达隐身及抗电磁干扰两项能力，则需要思考如何在不丧失红外光学材料性能的前提下，达到电磁波屏蔽的效果。

针对此问题，美国提出了“三明治”结构方式的方案，取得了一定的进展。而美国海军实验室研制出的BGG玻璃等也起到了一定的屏蔽效果。目前，我国在性能良好的FGa红外玻璃的基础上进行类似的实验研究，取得了较好的初步结果。相信不久的将来，我们将在此领域取得大的进步。

4）塑料

塑料是一种无定形态高分子聚合物，部分塑料在红外或远红外波段有良好的透过率，可以用来制备红外窗口、透镜等。目前塑料广泛运用于红外报警、红外监控及传感等民用或警用领域。

红外光学材料已然渗透进我们生活的方方面面，包括安防领域、消防领域、电力领域、企业制程控制领域、医疗领域、建筑领域、遥感领域等。

红外成像及制导技术的发展对红外材料提出了更高的要求。红外材料制备正向高性能、大尺寸、良好经济性方面发展。

（房丽敏、张巧沂撰写）

6 新能源技术

——环保与发展

从钻木取火到煤炭、石油等资源的开采，再到电能、太阳能以及核能的利用，人类社会开发和利用能源的历史已经很悠久。当今社会，能源的争夺日益激烈，国家之间的竞争甚至是战争，本质上与能源争夺有着密切联系。能源危机和能源与环境问题日益突出，能源问题成为国际社会关注的主题，新能源技术成为解决能源问题的关键。本章带你了解前景广阔的新能源技术。

6.1　追日之旅

2019年6月20日，某记者在青海的戈壁滩上，零距离接触一个大型塔式光热电站，为我们揭秘其核心科技“追日系统”。该大型塔式光热电站占地3.3平方千米，是一套自主研发的“追日系统”，每天“追逐”太阳。该光热电站拥有多达5万平方米的定日镜，通过电控系统自动调整其角度，以追逐太阳的运行轨迹。光热电站采用聚光场和集热装置将光能转换为热能，通过汽轮发电装置实现热能到电能的转换，每年发电量近1.5亿千瓦时，可为8万余户家庭提供清洁能源。

图6-1　塔式光热电站

6.1.1 捕捉太阳光——追日之旅

1）什么是太阳光

太阳光是太阳上的核反应“燃烧”发出的光，经过很长的距离射向地球，再经大气层过滤后到达地面。太阳光包含各种波长的光：红外线、红光、橙光、黄光、绿光、蓝光、靛光、紫光、紫外线等，靠近红光的光所含热能比例较大，紫光所含热能比例较小。太阳光的可见光谱段能量分布均匀，所以是白光。当光线随着时间的推移以及天气发生变化时，都会直接影响物象的色彩。

2）太阳光的功能

（1）促进身体健康：阳光照在我们的皮肤上，会使皮下血管扩张，血流旺盛，增快有毒物质的排泄，增强抵抗力，还会增加唾液和胃液的分泌，加强肠胃蠕动，增强食欲和促进消化，还能制造出维生素D，促进骨骼的发育。

（2）光合作用：绿色植物可通过光合作用，将光能转化成化学能，而植物可为动物所食用，草食性动物又被肉食性动物食用，于是基于营养的关系而将环境中的各种生物联系起来，形成食物链。

（3）杀菌能力：阳光中的紫外线有很强的杀菌能力，一般细菌和某些病毒在阳光下晒半小时或数小时，就会被杀死。

（4）能源供给：太阳是一个巨大的能源库，人类探索了许多方式来捕获太阳能，利用太阳能发电发热，其为人类的可持续发展作出了巨大的贡献。

3）太阳能

地球上生命自诞生以来，就主要以太阳提供的热辐射能生存。太阳能是一种清洁无公害的可再生能源，不会像煤和石油一样在燃烧时产生废气污染环境，也不像煤和石油有耗尽的一天，更不会有用核能发电所带来的危险性和后遗症。如果以太阳能来取代现有的煤、石油、天然气等能源，环境污染便可大大减少。所以，21世纪开始太阳能成为全球主要能源之一。太阳能具有资源充足、分布广泛、安全、清洁、技术可靠等优点，因此世界各国日益重视太阳能的开发和利用，越来越多的国家加入捕捉太阳光的队伍里。

6.1.2 太阳能的广泛应用

作为最有前景的新能源之一，太阳能产业被看作是完成节能降耗指标的“排头兵”。太阳能作为煤、原油等石化燃料的替代能源，既能减少污染物的排放，又能减少常规能源的消耗，一举两得。许多企业在大力研制开发新型的太阳能技术与产品，也称为光伏产品。如今太阳能已广泛应用于许多领域，如供应热水、净化器、空调制冷制热和发电等，还出现了综合利用太阳能的生态建筑，即太阳能建筑。

1）太阳能产氧空调机

太阳能产氧空调机是利用太阳无穷的光热原理，采用化学能强化多级接收的方法，收集和储存大量的能量，再由太阳能吸附式热助器和冷助器根据制冷、制热需要随时满足阴雨天、雪天和夜间使用，实现了昼夜全优化高效运行。该产品特点是热值高，升温、降温快，使用时无明火、无烟尘、无污染，通过光能高效产氧制冷、制热，比传统空调节约电能60%（按一台普通2 匹空调每小时0.7 千瓦时耗电测算）。

图6-2 太阳能产氧空调机

2）**采暖降温净化器**

采暖降温净化器的研制原理是在太阳光的作用下，利用单位体积的冷热空气的密度差所产生的微循环，来达到冬季供暖、夏季降温的目的。安装该系统后，室内冬季平均室温在19.5 ℃以上，夏季比传统建筑的室内温度低6 ℃左右，同时使室内空气得到不断的过滤、净化，保持清新。

3）**全天候太阳能灶**

根据抛物面聚光原理、光热转换原理，热能贮存与传导原理研制发明。该太阳能灶主要由聚光罩、集热器、保温储能箱、支撑架、自动跟踪调节装置、导热体、保温盖等部分组成。在阳光相对充足的天气，内部温度可达到280 ℃以上，可以进行蒸、煮、炒、炖等多种烹饪，且一天三顿饭均可利用。

图6-3 全天候太阳能灶

4）太阳能路灯

太阳能路灯是指利用太阳能作为能源的路灯，既不受供电影响，不用开沟埋线，也不消耗常规电能，不污染环境，只要阳光充足就可以使用，因此受到人们的广泛关注。

图6-4　太阳能路灯

5）太阳能无线监控系统

在现代工业园中，利用太阳能的视频监控系统，在工业园区门口、主要道路、办公楼、围墙周界等地点可以实现全天候视频监控。

图6-5　太阳能无线监控系统

6.1.3 太阳能的利用发展史

人类对太阳能的利用有着悠久的历史。据记载，人类利用太阳能已有3000多年的历史。早在战国时期，人类就知道利用钢制四面镜聚焦太阳光来点火、利用太阳能来干燥农副产品。随着社会技术的发展，太阳能已成为人类使用能源的重要组成部分。太阳能的利用主要有光热转换和光电转换两种方式。

公元前9世纪，中国人开始用“阳燧”（凹面镜）聚光取火。

1—500年，罗马人在浴室中修建了朝向南面的大窗户，利用太阳光直射来吸热。

17世纪，1615年出现了一台利用太阳能加热空气使其膨胀做功的抽水机。

18世纪，1767年出现了第一台太阳能集热器。1774年，在法国巴黎有人举行了一场用透镜汇聚阳光把金属熔化的表演。

19世纪，法国科学家用从太阳能集热器获得的热量产生蒸汽为蒸汽机提供动力。

1913年，埃及开罗以南建成一台由5个抛物槽镜组成的太阳能水泵。

1936年，美国天体物理学家阿博特（C. G. Abbott）发明了太阳能开水器。

1950年，苏联设计了第一座塔式太阳能发电站。美国建筑师布里杰斯（F. Bridgers）设计了世界上第一栋太阳能办公建筑。

1952年，法国国家研究中心在比利牛斯山东部建成一座功率为50千瓦的太阳炉。

1954年，美国贝尔实验室研制出实用型硅太阳电池，为光电电池大规模应用奠定了基础。

1955年，以色列的泰伯（Taber）等提出选择性涂层的基础理论，并研制出实用的黑镍等选择性涂层，为高效集热器的发展创造了条件。

1960年，美国佛罗里达州建成世界上第一套用平板集热器供热的氨-水吸收式空调系统。

1961年，一台带有石英窗的斯特林发动机问世。

1977年，澳大利亚悉尼大学研究发明“渐变膜”选择性吸收涂层，用于太阳能真空集热管。

21世纪到来后，《中华人民共和国可再生能源法》实施，中国光热市场居全球首位；美国科学家提取菠菜叶绿素中的蛋白质，制成了叶绿素太阳能电池；德国造成由33 500块太阳能电池组成的太阳能电站。人类太阳能事业已经进入一个自觉、积极开发利用的新阶段。

图6-6　利用凹面镜聚焦太阳光，成功采得北京奥运圣火

6.1.4　太阳能利用的前沿研究

随着可持续发展战略在世界范围内的实施，太阳能的开发利用将被推到新的高度。随着越来越多的科学家和国家的重视，太阳能的利用技术有望在短期内获得较大进展。光伏技术

的发展，近期将以高效晶体硅电池为主，然后逐步过渡到薄膜太阳能电池和各种新型太阳能光电池。薄膜太阳能电池以及各种新型太阳能光电池具有生产材料廉价、生产成本低等特点，随着研发投入的加大，必将促使其中一两种获得突破，正如专家断言的，只要有一两种新型电池取得突破性发展，就会使光电池局面得到极大的改善。

目前，世界范围内许多国家都在进行新型高效集热器的研制，一些特殊材料也开始应用于太阳能的储热，利用相变材料贮存热能就是其中之一。相变贮能就是利用太阳能或低峰谷电能加热相变物质，使其吸收能量发生相变（如从固态变为液态），把太阳能贮存起来。在没有太阳的时间里，又从液态恢复到固态，并释放出热能，相变贮能是针对物质的潜热贮存提出来的，对于温度波动小的采暖循环过程，相变贮能非常高效。而开发更为高效的相变材料将会成为未来提高太阳能热利用效率研究的重要课题。

太阳能建筑也逐步得到普及，太阳能建筑集成已成为国际新的技术领域，将有无限广阔的前景。太阳能建筑不仅要求有高性能的太阳能部件，同时还要求高效的功能材料和专用部件，如隔热材料、透光材料、贮能材料、智能窗（变色玻璃）、透明隔热材料等，这些都是未来技术开发的内容。

随着太阳能热技术的日趋成熟，太阳能的开发和利用正在融入人们的生产、生活之中。太阳能资源丰富，既可免费使用，又无需运输，对环境无任何污染。充分开发利用太阳能资源是节约和替代常规能源的有效措施，是实现能源可持续发展的必由之路。相信太阳能利用的研究与开发，会为人类创造一种新的生活形态，使人类进入一个节约能源、减少污染的时代！

6.2 谈核色变，亦敌亦友

2011年3月11日，日本仙台以东海域发生里氏9.0级地震并引发大型海啸，令日本福岛第一核电站6台发电机组中的5台出现电力中断并受到严重破坏。虽然核电站1号至3号机组已在地震发生后即时自动停堆，但反应堆因失去电力供应（包括后备电源）而无法进行冷却，导致反应堆堆芯熔化。反应堆及燃料池同时失去冷却功能，最终引致厂房发生氢气爆炸，部分辐射因而泄漏至大气和海洋。在这场意外中有3名工作人员因辐射以外原因死亡，距离核电站40千米范围内约有10万名居民需要疏散。

图6-7　福岛核电站泄漏事故

6.2.1 谈核色变——亦敌亦友

1）什么是核能

什么是核能？核能又称原子能，即原子核发生变化时释放的能量，如重核裂变和轻核聚变时所释放的巨大能量。核能是人类最具希望的未来能源之一，是可以大规模替代化石燃料，符合“可持续发展”要求的新能源。

2）核电是高效清洁能源

（1）核能发电原理：核能发电的能量来自核反应堆中可裂变材料（核燃料）进行裂变反应所释放的裂变能。裂变反应中，可裂变物的原子核吸收1个中子后发生裂变并放出2～3个中子。若这些中子除去消耗，至少有1个中子能引起另一个原子核裂变，使核裂变自发地进行，则这种反应称为链式裂变反应。实现链式裂变反应是核能发电的前提。

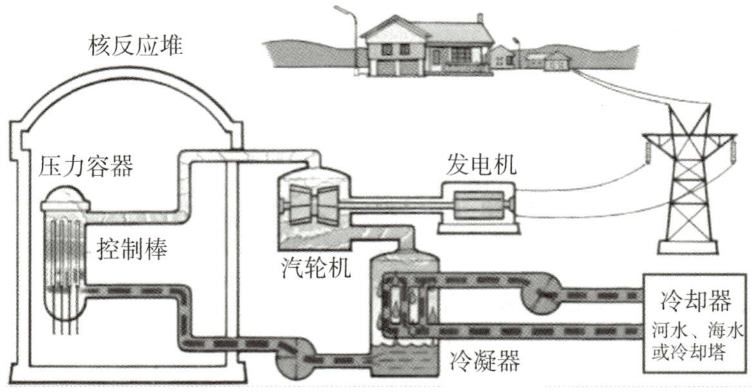

图6-8　核能发电原理图

（2）核能发电不像化石燃料发电那样会排放大量的污染物质和二氧化碳到空气中，因此不会造成空气污染或者加重温室效应，这是核能发电的一大优势。除此之外，核能电厂使用的燃料体积小，不管是运输还是储存都很方便，核能发电成本不易受到国际经济形势的影响，较其他发电方法更为稳定。但是核能发电热效率较低，比一般的化石燃料电厂排放更多的废热到环境中，热污染较严重，并且核能发电会产生放射性废料，反应器内也有大量的放射性物质，如果发生事故会释放到外界环境中，对生态和民众造成伤害，必须慎重处理。

（3）发展前景：发展核电可以用核燃料代替石油和煤，不仅有利于减轻交通系统对燃料运输的负担，还有利于资源的合理利用，核电经济是可以与火电经济竞争的。核电作为一种清洁高效能源，具有清洁环保、运行稳定、安全高效的独特优势，是我国增加能源供应、优化能源结构、应对气候变化最重要的选择之一，把核电规模搞上去应当作为能源战略的一个重点。目前我国三大核电集团正积极布局全球市场。

3）核武器及核动力

（1）核武器：利用核反应的光热辐射、冲击波和感生放射性造成杀伤力和产生破坏作用，以及造成大面积放射性污染，阻止对方军事行动以达到战略目的的巨大杀伤性武器。主要包括原子弹（裂变武器）和氢弹（聚变武器），还包括一些增大辐射强度扩大污染或加强中子放射的武器（如中子弹）。核武器也叫核子武器或原子武器。

（2）核动力：也称原子能，是利用可控核反应来获取能量，从而得到动力、热量和电能。

4）海洋核资源

目前人们开发核能的途径有两条：一是重元素的裂变，如铀的裂变；二是轻元素的聚变，如氘、氚、锂等的聚变。重元素的裂变技术已得到实际性的应用，而轻元素的聚变技术也在积极的研制之中。无论是重元素铀，还是轻元素氘、氚，在海洋中都有巨大的储藏量。另外，“能源金属”锂是用于制造氢弹的重要能源。如果人类一直致力的受控热核聚变的研究得以解决，从海水中大规模提取重水得以实现，那么海洋就能为人类提供取之不尽、用之不竭的能源。

5）月球的核应用

早在20世纪60年代末和70年代初，美国阿波罗飞船登月时，带回了月球岩石和尘埃。科学家们通过对岩石和尘埃的进一步分析鉴定出月球上存在大量的氦-3。科学家在进行大量研究后认为，采用氦-3的聚变来发电，会更加安全。地球上的氦-3总量仅有10～15吨，可谓奇缺。但是，月球保存着大约5亿吨氦-3，如果供人类作为替代能源使用的话，足以使用上千年。

6）核废料处理与核安全

（1）核废料处理的原则：首先，要安全、永久地将核废料封闭在一个容器里，并保证数万年内不泄漏出放射性。其次，要寻找一处能安全、永久存放核废料的地点。这个地点要求物理环境特别稳定，长久地不受水和空气的侵蚀，并能经受住地震、火山、爆炸的冲击。目前，对核废料，国际上通常采用海洋和陆地两种方法处理。一般是先经过冷却、干式储存，然后再将装有核废料的金属罐投入选定海域4000米以下的海底，或深埋于建在地下厚厚岩石层里的核废料处理库中。

（2）核安全：广义的核安全是指涉及核材料及放射性物质相关的安全问题，目前包括放射性物质的管理，前端核资源开采利用设施安全，核电站安全运行，核燃料处理设施安全以及全过程的防核扩散等议题。狭义的核安全是指在核设施的设计、建造、运行和退役期间，为保护人员、社会和环境免受可能的放射性危害所采取的技术和组织上的措施的综合。该措施包括确保核设施的正常运行，预防事故的发生，限制可能的事故后果。

图6-9　核爆炸场景

6.2.2　核能发展史

核能是人类历史上一项伟大的发现，这离不开早期科学家的探索发现，他们为核能的应用奠定了基础。

19世纪末，英国物理学家J.J.汤姆孙发现了电子；

1895年，德国物理学家伦琴（W. C. Röntgen）发现了X射线；

1896年，法国物理学家贝可勒尔（A. H. Becquerel）发现了放射性；

1898年，玛丽·居里（M. S. Curie）和她的丈夫皮埃尔·居里（P. Curie）发现新的放射性元素钋；

1902年，居里夫妇发现了放射性元素镭；

1905年，爱因斯坦提出质能转换公式；

1938年，德国科学家奥托·哈恩（O. Hahn）用中子轰击铀原子核，发现了核裂变现象；

1942年，美国芝加哥大学成功启动了世界上第一座核反应堆；

1945年7月16日，世界上第一枚原子弹在美国试爆成功，标志着当今世界已进入核武器时代。

6.2.3 核能的前沿研究

核能具有良好的发展前景，我们应积极推动第三代核电技术的引进和消化，促进国内先进核电技术的开发，掌握先进的压水堆技术，实现堆型的标准化规模发展，提高核电设备的国产化水平。同时，积极推进第四代核电技术的自主研发，使其及时进入商业化准备阶段。核能发电风险与机遇并存，任何事情都有利有弊，人类探索自身能源发展的道路是曲折的。未来，核能大概率会成为人类使用的高效安全的能源。核能不仅可以作为能源用于发电以及制作成核武器，还在同位素、射线辐照、中子束、离子束、核能源的开发服务等方面具有广泛的应用。

近几年，全球核能前沿科技在核电建设与发展、小型模块堆技术、聚变反应堆、空间动力堆、事故容错燃料、数值反应堆等方面的研究及开发都有重大进展。在海、陆、空均有良好应用前景的小型反应堆，将在传统商用核电以外开辟核能利用的新天地。而先进燃料设计、高精度数值模拟等技术则是未来核能安全保障的重要发展方向。随着技术的进一步革新和技术路线的多样化，呈多元化发展态势的核能预期仍将在全球能源结构中占据重要地位。

核能与核技术目前正处于成长和成熟时期，其主要标志是基础核技术与核军事技术已趋于成熟、形成产业，并且具有相当可观的价值。而其他方面尚有大量的新领域正待开发，世界各国投入大量人力、物力进行开发，经济效益和社会效益激增。据一些核研究人员和科学家估测，目前核技术应用的开发仅为其最大技术潜力的30%～40%，核能与核技术强大的技术优势决定了其强大的生命力，是其他技术无法取代的。它在解决人类面临的一些重大问题，如能源、环境、资源、人口和粮食等方面具有极为重要的作用，而且对于传统行业的改造和促进新技术革命的到来将产生深远影响。核能在清洁空气、加强国家安全和刺激经济发展等方面发挥着至关重要的作用，核能产业革命的潜力巨大，我们期待着核能在未来能带来惊喜。

6.3 捕风捉影——风力发电

2020年4月10日，国家电投集团内蒙古能源有限公司与乌兰察布市政府、内蒙古电力有限责任公司就乌兰察布风电基地项目签订合作协议，标志着乌兰察布600万千瓦风电项目建设全面启动。

6.3.1 捕风捉影——风力发电

1）什么是风力发电

风力发电是指把风的动能转化为电能的过程。风能是一种清洁无公害的可再生能源。很久以前，人们就开始利用风能了，如人们通过风车来抽水、磨面等。各国向来重视风力发电，因为利用风力发电不仅环保，而且风能蕴量巨大。

风是无害的可再生能源，而且取之不尽，用之不竭。对于缺水、缺燃料和交通不便的沿海岛屿、草原牧区、山区和高原地带，因地制宜利用风力发电是非常有利的。

我国风能资源丰富，绝大多数地区的平均风速都在每秒3

米以上，特别是东北、西北、西南高原和沿海岛屿，平均风速更大；有的地方一年三分之一以上的时间都是大风天。在这些地区，发展风力发电是很有前途的。

2）风力发电的利用

风是一种潜力很大的新能源，国内外都很重视利用风力来发电、开发新能源。全世界每年燃烧煤所获得的能量，只有风力发电在一年内所提供能量的三分之一。

图6-10 风力发电图

20世纪30年代已经有国家尝试风力发电，丹麦、瑞典、苏联和美国成功研制了一些小型风力发电装置。这种小型风力发电机应用了航空工业的旋翼技术，使它获得电力的成本比小型内燃机的发电成本低得多。这种风力发电机受到了欢迎，广泛在多风的海岛和偏僻的乡村使用。不过，当时的发电量较低，大多在5千瓦以下。在我国，已有不少成功的中、小型风力发电装置在运转。

3）风力发电的原理

风力发电是利用风力带动风车叶片旋转，把风的动能转变成机械能，再通过增速机将旋转的速度提升，来促使发电机发电，使机械能转化为电能。风力发电不需要使用燃料，也不会产生辐射或空气污染，这让风力发电在世界上形成一股热潮。

4）风力发电的输出

通常人们认为，风力发电的功率由风力发电机的功率决定，所以风力发电机越大越好。而实际上，目前的风力发电机的作用只是给电瓶充电，而由电瓶把电能贮存起来，电瓶的大小与人们最终使用的电功率的大小有更密切的关系。当然，功率的大小主要取决于风量的大小。

风力发电机的输出功率很大程度上取决于风量的大小，而风量的大小往往不是固定的，这导致风力发电机的输出功率也不稳定，其输出的是变化的交流电，大约为13～25 V。这样不稳定的电流须经整流后再充入蓄电瓶内，使风力发电机产生的电能变成化学能，然后用有保护电路的逆变电源把电瓶里的化学能转变成交流220 V市电，才能保证稳定使用。

使用风力发电机，就是源源不断地把风能变成家庭使用的标准市电。使用风力发电机供电可以大大节约能源，一个家庭一年只需支付几十元的电瓶液的费用。近几年，风力发电机的性能有很大改进，采用了先进的充电器、逆变器，风力发电成为有一定科技含量的小系统，并能在一定条件下代替正常的市电。这对山区和高速公路非常有利——它可以成为免费路灯。而对家庭用电来说，家庭用风力发电机不但可以防止停电，还能增加生活情趣。此外，无线电爱好者可用自己的技术在风力发电方面为山区人民服务，一方面能让他人的生活变得更好，另一方面能使自己通过劳动致富。

5）风力发电机的种类

风力发电机多种多样，归纳起来可分为两类：水平轴风力发电机和垂直轴风力发电机。

（1）水平轴风力发电机。风轮的旋转轴与风向平行。可分为升力型和阻力型两类。两者的区别是发电机叶片的旋转速度的快慢：前者快，后者慢。

图6-11 水平轴风力发电机

（2）垂直轴风力发电机。风轮的旋转轴垂直于地面或者气流方向。

图6-12 垂直轴风力发电机

在风向经常改变的地区，垂直轴风力发电机的使用更普遍，因为相对于水平轴风力发电机，垂直轴风力发电机在风向改变的时候无需对风。此外，它不仅简化了结构设计，还减少了阻力。

6.3.2 风力发电的前沿研究

“十三五”时期，我国能源绿色转型步伐加快，风电等新能源发展迅速，已成为可再生能源发展主体。中国电力企业联合会《2020年1—11月份电力工业运行简况》数据显示，截至2020年11月底，我国风电累计装机达2.4亿千瓦，平均利用小时1912小时，电源投资2151亿元。

1）风轮

风轮是风力系统的重要部件，影响风电性能的因素主要有风轮直径、叶片结构和材料、叶片制造工艺等。

风轮直径：风轮直径决定风轮面积即扫风面积，从而决定了捕风能力。近年来，风轮直径不断增长，大部分风轮直径长达110米甚至更长。

叶片结构和材料：世界各国一直在研究性能好而质量轻的叶片。世界上风力发电机主要机型选用的叶片材料以玻璃纤维为主，碳纤维材料为辅。使用玻璃纤维使得叶片较轻，而在强度和刚度要求较高的部位则需要使用碳纤维材料。

叶片制造工艺：目前已基本见不到手糊制造工艺，受世界各国欢迎的是预浸料工艺与真空灌注工艺，大大提高了生产率、叶片性能和产品标准程度。

2）传动链

传动链是风电机组最核心的系统之一，由轴、齿轮箱（直驱式不含齿轮箱）、制动器和发电机组成。

典型的风力发电机的传动方式主要有高速齿轮传动、中速齿轮传动（混合型）和低速无齿轮传动（直驱式）。其中，高速齿轮传动是目前最为流行的方式，齿轮传动速度越快，齿轮数量越大。低速无齿轮传动不含齿轮箱。

3）变速恒频系统

当前，国内应用比较普遍的还是恒速恒频发电机组，但是这种风电系统无法在风速变化较快时快速调节装置的运行模式，容易造成机械性损坏。此外，这种风电机组没有办法保证电压的稳定性。而变速恒频风力发电系统可以根据风速的具体变化情况来调节转速，从而降低其对风力等机械装置所产生的磨损；此外还可以对最佳转速实现跟踪功能。风力发电机组在风力正常的变速方位之内都能够获得最佳功率输出条件。可用于风力发电的变速恒频系统有多种，但都由风力机、增速箱、双馈发电机、双向变流器和控制器组成。其中，双馈发电机的定子绕组与电网相接，转子绕组由具有可调节频率的三相电源激励，常见变流器由交-交变流器或交-直-交变流器供电。双馈发电机的转速可以根据风速的变化来调整，使风力发电机始终在最佳状态下运行，从而达到较高的风能利用率。

4）海上风电

海上风电主要是指沿海风力发电，现有的海上风电基础分为着床式和漂浮式。其中，着床式适用于近海区域（水深小于50米），由于技术成熟，目前已被广泛应用。而漂浮式还处于研发和示范阶段，它的优点是适应性较强，与着床式相比建设难度较小、使用成本低，因此具有良好的应用前景，并且极有可能成为未来的主流技术。

随着科技的不断进步，研究者经验的不断丰富，风力发电的成本逐渐降低，风力发电机组的可靠性不断增强。未来几年，风力发电的应用范围将越来越广，这对调整能源结构、保障能源安全、应对气候变化、促进社会经济可持续发展具有重要意义。

（房丽敏、卢淑婷、李心怡、吴芷晴撰写）

7

信息处理技术

——一切在计算之中

芯片、手机、计算机都是我们现代生活不可缺少的工具，它们的发展会给我们带来怎样的惊喜呢？还有现在正在研究的人工智能和量子计算机，它们的原理又是什么？这一章就让我们一起来了解这些电子技术吧！

7.1 设备之“心”——芯片

据新闻报道，美国某神经技术初创公司已经找到高效脑机接口的方法。该公司的研究目标是芯片直连人脑，实现人脑与人工智能共存，让人脑通过植入脑中的设备控制电脑，并能改善人类的思维和交流方式。

上述新闻让人不禁担心《黑客帝国》的电影情节会成为现实。那么，什么是芯片？芯片到底是什么样的结构？为何它如此重要，又那么难以制造呢？

7.1.1 什么是芯片？

图7–1a是我们在中学学习物理时接触的一个电路，里面的开关和灯泡都是构成电路的单元，我们称之为元件。芯片也是电路，称为集成电路（IC），是一种把晶体管、电感、电容和电阻用导线连接在一起实现特定功能的电路模块。但是，芯片不能单独使用，它要和其他元件及电源共同构成实际的电路。所以，把芯片看成一个具有特定功能的复杂元件更合适。图7–1c是显微镜下的芯片，一块只有指甲盖那么大的芯片里面的导线长度却有几千米长，包含成千上万的元件。并且，芯片有单层和多层（最多能有几十层）之分。如此小的一块芯片里面却容纳了如此复杂和庞大的电路，我们也就不难理解为何芯

片的功能如此强大了。我们知道，除了导线，芯片里面最关键的部分就是晶体管，一种半导体器件。那么何谓半导体呢？

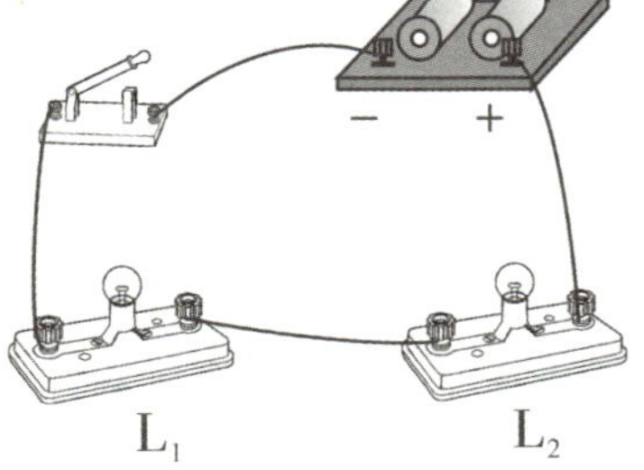

a.中学物理中的简单电路

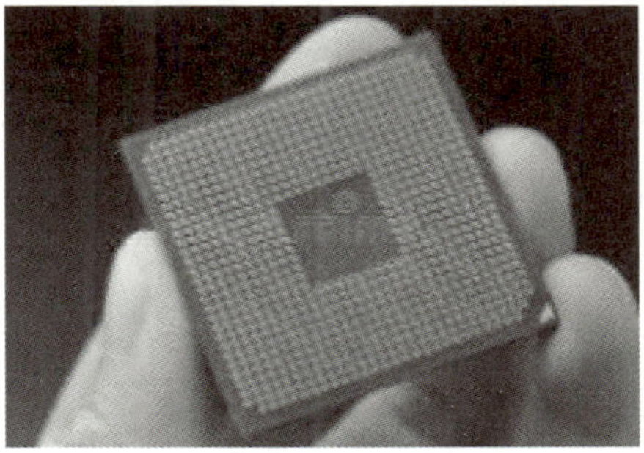

b.集成电路

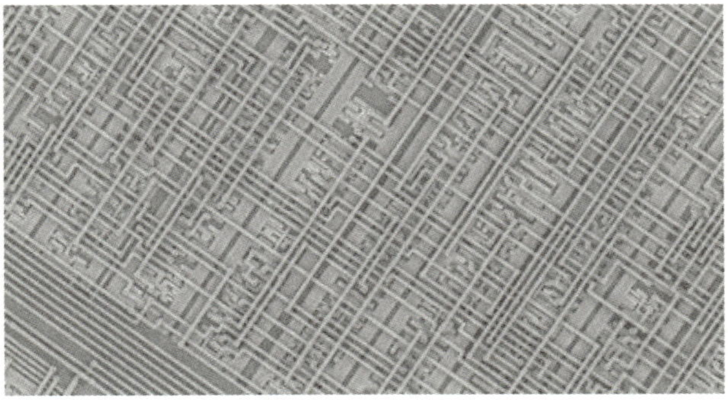

c.显微镜下的芯片

图7-1　电路及芯片

物质的导电性是由原子结构决定的。量子力学认为，原子核外的电子在不同的轨道上，若轨道上挤满了电子，电子就不能移动；若轨道上电子少，电子就能自由移动。导体的原子核外的电子能移动，宏观上的表现就是能导电；绝缘体的原子核外的电子不能移动，宏观上的表现就是不能导电；而半导体则是有时能导电有时不能导电，它的原子核外的电子不多也不少，如图7-2a中的硅和锗的原子结构，它们的原子核最外层有四个电子，常温下是稳定的。但是如果分别在里面掺入微量的5价（如磷）或者3价（如硼）的元素，就会形成图7-2b和图7-2c中的N型半导体和P型半导体。

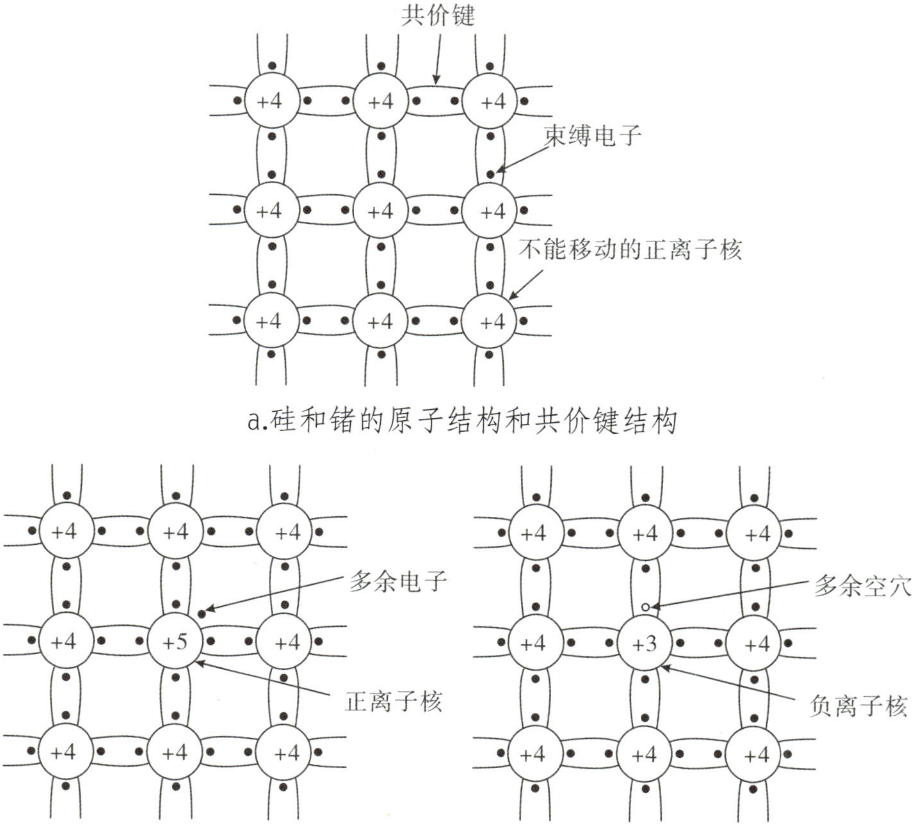

a.硅和锗的原子结构和共价键结构

b.N型半导体

c.P型半导体

图7-2　半导体原子结构

如果我们把N型半导体和P型半导体制作在一起（称为PN结），再给两端加上如图7-3所示的电压，那么可以想象，N型半导体中多余的电子就会在电场的作用下移到P型半导体，而电子移动就产生了电流，即PN结导通。然而，如果我们加一个相反电压，那么电子就不能移动，PN结不导通。简单地说，PN结具有单向导电性，也称为开关特性，当PN结两端加正向电压时开关闭合，当PN结两端加反向电压时开关断开。

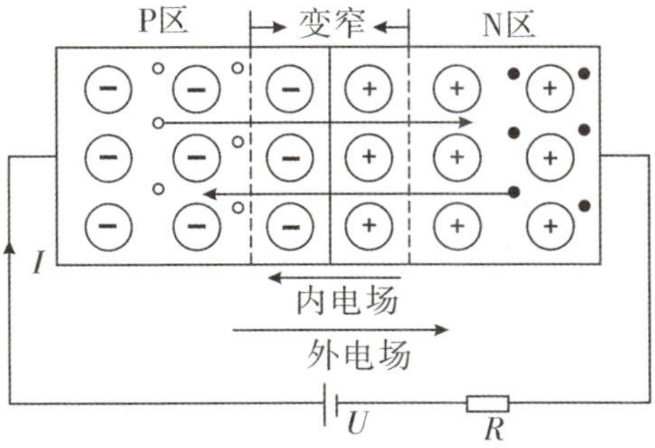

图7-3 PN结外加正向电压导通

二极管由一个PN结构成，而三极管由两个PN结构成，用PN结又可以制成其他的各类晶体管。这些晶体管和电阻、电容、电感组合，能够构建出多种功能的电路，如放大电路、滤波电路、运算电路等。

7.1.2 芯片是怎么制造的？为何造它那么难？

芯片的制造过程就如同搭积木，以晶圆作地基，在地基上再一层层往上叠加导线和元件构成电路，最后对电路进行封装制成芯片。也就是说，芯片制造主要分为晶圆加工制造、前期加工以及后期封装三大环节。

1）制作地基——晶圆的制作过程

晶圆即硅晶片，由于制作芯片的硅晶片外形是圆的，所以称为晶圆。地基要求表面平整，而单晶硅的原子一个个紧密排列，形成了一个平整的原子表面，所以单晶硅可以用来作为芯片的“地基”。晶圆的制作过程如下：

（1）纯化：将二氧化硅（即沙子的主要成分）纯化为99.9%纯度的硅。

（2）拉晶（制作单晶硅柱）：由硅种和99.9%纯度的硅液体表面接触再往上旋转拉升形成。图7-4左图就是一个硅柱。

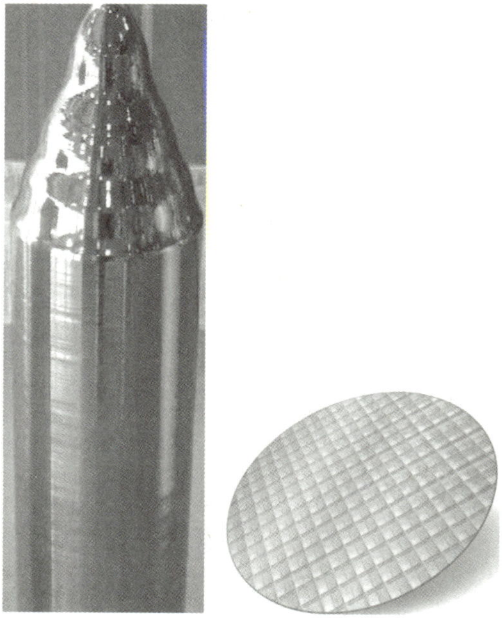

图7-4　单晶硅柱和晶圆

（3）把硅柱切成很多薄片，就是晶圆。晶圆越大，同一晶圆上可生产的芯片就越多，其制造成本就越低，但对材料和技术的要求也越高。

2）盖房子——在晶圆上搭电路

芯片制造的第二个环节即芯片的前期加工，就是在晶圆上搭电路，其步骤如下：

（1）在晶圆表面涂一层感光材料，让晶圆变成一张未使用过的相机胶片；用光刻机将设计好的图转印到感光材料上，光束照到的地方会将感光材料破坏掉。

（2）将曝光后的晶圆放入离子液体中，被感光材料覆盖的部分会保留下来，而其他地方会被腐蚀成一道道沟槽。

（3）将硼或磷注入沟槽中，形成晶体管，接着再填充铜形成导线。

（4）再在上面涂一层胶，然后继续做下一层，一个芯片可以包含几十层。

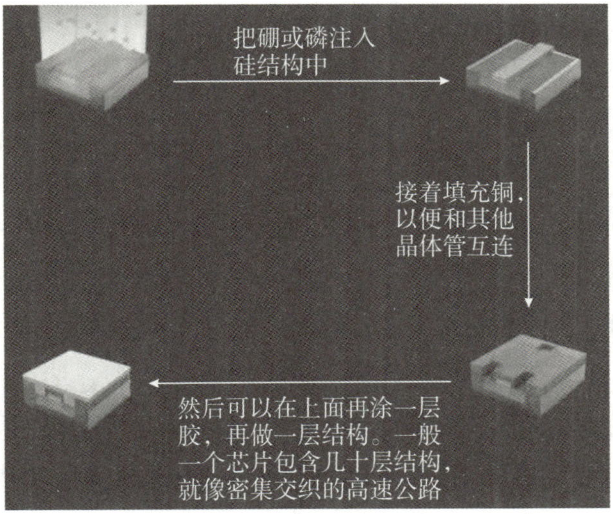

图7-5 硅晶圆上晶体管的制作

从理论来看，芯片的前期加工环节似乎并不难，但实际上恰恰是最核心、技术难度最大的环节。这个环节有着上百道制程，同时每一道制程均有着相应的设备，其中光刻机是最核心的设备。

光刻机就是将电路图形复制到硅片上的设备，它其实就是一个超高精度的单反相机。制造它怎么就这么难？大家想一下，要把纵横交错的、最小间距只有7 nm的电路无差错地复制到硅片上，能不难吗？

我国芯片制造技术主要是在晶圆加工制造、后期封装两个环节，最核心的前期加工环节的大部分技术还处于空白状态，所以高端芯片主要依赖国外进口。国外厂商长期把持和控制着高端芯片制造技术，芯片如今已经成为我国最大的进口商品，严重威胁着我国的国家安全。

3）芯片封装

芯片很薄很精细，为了保护它要给它加一个外壳，这就是芯片封装。

7.1.3 芯片的历史

电子技术的发展经历了电子管—晶体管—集成电路—超大规模集成电路的过程。电子管是最早期的电信号放大器件，被封装在玻璃管里，包括阴极电子发射器、控制栅极、加速栅极、阳极。晶体管是固体半导体器件，尺寸小、速度快，可以用于电信号的检波、整流、放大等。集成电路即我们所说的芯片，里面有成百上千个晶体管及一定的电阻、电容、电感。

1833年，英国科学家法拉第（M. Faraday）最先发现硫化银的电阻会随着温度的升高而降低，这和普通的金属特性相反，这是半导体现象的首次发现；

1839年，法国的贝可勒尔（A. E. Becquerel）发现了半导体的光生伏特效应，即半导体在受到光照射时产生电动势的现象，该特性使得半导体能用来制作光电池、光敏二极管、光敏三极管等器件；

1873年，英国的史密斯（W. Smith）发现了硒晶体材料在光照下电导会增加的光电导效应，这是半导体的又一个特有性质，光敏电阻就是基于这种效应的光电器件，光敏电阻在光线的作用下如果吸收了足够的光子能量将使光敏电阻的导电性增加、阻值降低；

1912年前后，电子管的制作日趋成熟，引发了无线电技术的发展；

1918年前后，人们逐步发现了半导体材料；

1932年前后，运用量子学说建立了能带理论研究半导体现象；

1946年，世界上第一台计算机问世；

1947年，晶体管诞生，从此人类步入飞速发展的电子时代；

1958年，集成电路研制成功。

7.1.4 摩尔定律会失效吗?

看到各个厂商和研究者都费尽心思地把芯片的尺寸尽量缩小，现在主流的制式是7 nm，甚至还有5 nm、3 nm，你肯定会奇怪：为什么要把晶体管尺寸缩得那么小呢？其实，缩小晶体管的尺寸不是人们的目标，目标是用同样体积的芯片实现更强大的功能。所以，不断缩小晶体管尺寸，就能在相同体积的芯片里容纳更多的晶体管，从而使得芯片实现更强大的功能。大家都听说过摩尔定律，就是当价格不变时，集成电路上可容纳的元器件的数目，每隔18～24个月便会增加一倍，性能也将提升一倍。一直以来，芯片技术也是按照这个规律发展的，只是最近这个发展速度变慢了。有人预测摩尔定律即将失效。但是，也有人说摩尔定律只是以一种新的方式开始了。如果硅基晶体管的制式达到3 nm，那么它还能再小吗？当然不能。主要原因有：

（1）尺寸的极限：随着芯片尺寸不断缩小，将遭遇原子极限，出现量子隧穿效应，即电子原来不能通过的地方现在能穿过去了，就好像在这堵墙下打了个隧道，这样晶体管就失去了开关的作用，变得不可用了。

（2）功耗的极限：芯片密度越大，单位面积的功率密度就越大。现在的芯片上都有一个散热器，但是当功率密度达到每平方厘米100瓦以上时，风散热已经不管用了，要用水冷却，如超级计算机就采用水冷方式。芯片太热是不能正常工作的，降低功耗的办法是将单核系统变成多核系统，是以增加系统的复杂性为代价来降低功耗的。

（3）芯片尺寸越小、越密集，芯片制作工艺的复杂度就越大，设计复杂度也越大，成本也就越大。

那么，芯片技术真的就走到头了吗？并不是。这意味着将会有一个全新的开始，一个根本的突破。其实，这几十年来，芯片技术的发展只是在工艺上不断将它做小做精，而根本理论还是几十年前的理论。当硅基晶体管的尺寸达到3 nm时，意味着需要新的材料来实现更强大的功能。现在科学家们都在研究应用新的材料代替硅来制作晶体管，如化合物半导体，它是由两种或以上元素组成，开关速度可能比硅基半导体快100倍。还有现在很火的石墨烯，将来也可能用在晶体管技术中。此外，光子芯片也是主要研究方向，光子芯片的效率更高、功耗更低。我们相信，一个全新的电子时代将要来临。

7.2 生活小助手——智能手机

智能手机对于现代人来说已经不仅仅是通信工具了，它还能满足我们的娱乐、购物、工作、学习、出行等需求。

7.2.1 智能手机的构成

智能手机由硬件和软件构成，两者同样重要，套用一句别人的话：没有硬件的软件是孤魂野鬼，没有软件的硬件是行尸走肉。

1）智能手机的硬件，即“手机的身体”

手机的硬件包括外壳、电路板、天线、外部设备和接口、电池、SIM卡和插槽。每个部分的构成和功能如下：

（1）手机外壳对手机的电路和设备起到保护作用，手机外壳的材料种类令人眼花缭乱，但常见的材料不外乎四种：金属、玻璃、陶瓷和塑料。这些材料的选用主要是考虑是否具有良好的刚性、导热性、电磁屏蔽性、轻薄特性以及考虑手机的观感、质感和手感等特性。

（2）手机的电路板被手机的外壳保护着，电路板上面主要有中央处理器、内存、射频电路芯片、基带电路芯片、各类外围接口芯片、重力感应器。中央处理器是整台手机的控制中枢系统，是手机的“大脑”，负责手机所有功能的调度指挥和运算。内存，是手机的一些软件和数据（包括文字、语音、音乐、图片、视频等）的“储存柜”。射频电路芯片和基带电路芯片，负责将手机的发送信号整理后送到天线进行发射，并将天线接收的信号从载波上卸载下来送给手机。各类外围接口芯片，负责处理显示屏、摄像头、话筒、USB接口等的数据的输入输出。重力感应器利用压电效应来判断手机目前的姿态是直立、水平还是横向。

（3）智能手机的天线有四类：①蜂窝网通信天线，主要负责和移动通信网的基站进行通信；②GPS，接收GPS卫星发来的时间和位置信息，由GPS模块计算出本手机所处的位置；③Wi-Fi，负责和附近的无线路由器通信；④蓝牙天线，负责和附近的蓝牙设备通信。

（4）外部设备和接口：显示屏、按键、提示灯、摄像头、闪光灯、扬声器和听筒、USB接口、耳机接口。

（5）电池，即手机的电源部分，现在主要采用的是锂离子电池。

（6）SIM卡和插槽：手机通过SIM卡接入移动通信网络，它标识了你的手机号码。

2）手机的软件，即“手机的灵魂”

软件是手机的灵魂，没有软件手机也不能运行。所谓的软件就是存储在电路中的程序，手机的软件包括三类：

（1）基本无线通信软件，内置在芯片中运行，负责手机与移动通信网之间的通信，通常由手机通信芯片公司开发。

（2）手机的操作系统，负责手机界面的操作，驱动蓝牙、Wi-Fi、摄像头等硬件，和第三方开发商开发的应用软件进行对接。

（3）应用软件，如各类游戏、视频、浏览器等软件。

7.2.2 手机的历史

手机的发展经历了三代：

第一代（1G），模拟手机时代，代表就是大哥大，这一代手机只能进行通话，并且网络覆盖小，而且确实“贵重”，一部大哥大手机价值数千美元，质量约为1千克；

第二代（2G），采用了数字技术，手机的尺寸大为缩小，除了通信还可以传送文字和小幅图片，可以拍照和听音乐，但是音乐、照片等数据还是需要通过用数据线从电脑上下载；

第三代，从2007年开始，进入智能手机时代，运算速度快、功能强大（这得益于芯片技术的发展），支持无线上网和下载。

7.2.3 未来的手机会是什么样？

随着芯片技术和电池技术的发展，未来手机的功能更强、续航时间更长是大多数人都能预测到的，而全面屏、语音助手和更强的摄像功能似乎也在情理之中。那么，除此之外，未来的手机还会有什么令人惊叹的新发展呢？综合相关研究，未来手机可能会有以下几方面的发展：

（1）柔性可折叠屏幕和具有修复功能的屏幕。各大手机厂商都在研究可变弯的屏幕，这种屏幕采用像柔性OLED屏幕这样的材料；美国加州大学河滨分校的研究人员正在研制一种新的可自修复材料，如果未来能用在手机上，那手机屏幕裂痕将不再是让人郁闷的事。

（2）石墨烯电池及无线充电。和芯片技术的飞速发展相比，电池的发展可谓龟速。人们一直在研究如何提高电池的充电速度并减小它的尺寸，而正在研究的石墨烯电池尺寸小并且充电速度极快，它是利用锂离子在石墨烯表面和电极之间快速大量穿梭运动的特性而开发的一种新能源电池。

目前无线充电方式主要有电磁感应式充电、磁场共振式充电、无线电波式充电、电场耦合式充电。其中电磁感应式充电是利用供电方（无线充电板）和受电方（手机）上的感应磁铁之间产生的感应磁通量将磁力转换为电力再进行传输；磁场共振式无线充电稍微不同，它利用供电方和受电方两端的谐振器产生磁场共振，同样是将磁力转换为电力，从而进行电力传输，其原理如图7-6a所示；无线电波式充电则是在供电方和受电方分别配置无线电波的发射和接收装置进行电力传输；电场耦合式无线充电的原理是通过沿垂直方向耦合两组非对称偶极子而产生的感应电场来传输电力，其原理如图7-6b所示。电场耦合涉及两个耦合线圈，两个线圈之间没有物理接触，不过两者距离非常接近，当其中一个线圈被磁化，发出磁场，另外一个线圈感应到磁场就会产生感应电流。

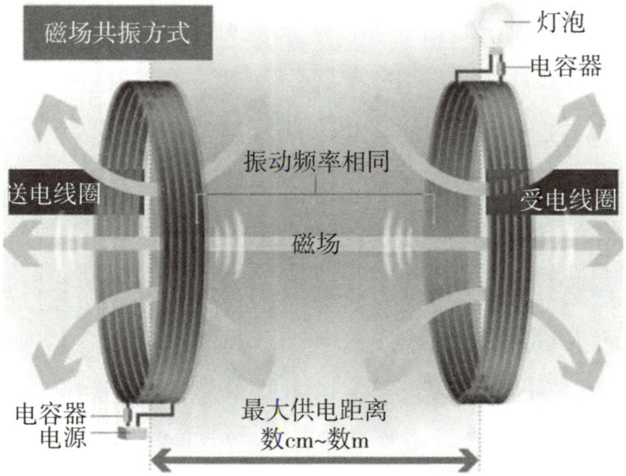

a.磁场共振式无线充电原理图

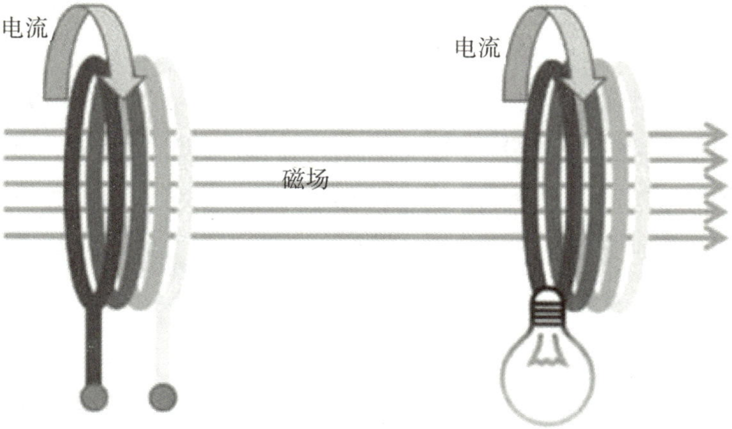

b.电场耦合式无线充电原理图

图7-6 磁场共振式无线充电和电场耦合式无线充电原理图

虽然现在的无线充电技术还很不成熟，但是未来可能会改变手机的有线充电方式。

（3）生物科技的融入。2017年4月17日，美国斯坦福大学的研究人员开发了一种让脊柱受伤者通过大脑直接控制将文字输入电脑的系统，这个系统需要在大脑中植入两个电极阵列，该系统也可能会应用到手机。此外，还有一些科学家尝试把耳机植入人体来接收手机信号。听起来挺可怕的，但是，这些研究可能对残疾人士很有帮助。

7.3 未来的计算机会是什么样

1946年2月，美国宾夕法尼亚大学应用电子管发明了第一台电子计算机，它用了18 000多个电子管，重30吨，使用机器语言，没有软件系统，并且稳定性差，耗电大，计算慢。但是，这台计算机却拉开了机器计算的序幕。到目前为止，计算机技术共经历了四代：第一代（1946年至1953年）是电子管技术，使用机器语言和汇编语言；第二代（1954年至1964年）是晶体管时代，软件上出现了操作系统和算法语言；第三代（1965年至1970年）是小规模集成电路时代；第四代（1971年至今）是大规模、超大规模集成电路时代。虽然随着电子技术和工艺的进步，电子计算机的尺寸越来越小、功能越来越强大，但是计算机的结构和理论基础并没有发生变化，仍然是基于冯·诺依曼原理。然而，现在的芯片制作技术已经越来越接近物理极限，传统计算机的发展也即将陷入瓶颈。短期内，基于集成电路的计算机还不会退出历史舞台，而科学家也在加紧步伐研究新型计算机，如超导计算机、光子计算机、量子计算机和DNA计算机。这一节让我们一起了解一下现代计算机技术和未来几种可能的计算机技术吧！

7.3.1 传统计算机

1）传统计算机的分类

传统计算机可以分成下面几类：

（1）巨型计算机，即超级计算机，通常由数千个处理器组成，是国家科技发展水平和综合国力的重要标志，在计算机中功能最强、运算速度最快、存储容量最大。超级计算机主要用于重大的科学研究、国防尖端技术及国民经济领域的复杂运算和数据处理。目前，我国的超级计算机有“天河”“银河”“曙光”等系列。

（2）大、中型计算机，是处理大数据的计算机，一般用于大型企事业单位的集中数据存储和处理。

（3）小型计算机，一般用于中小型企事业单位，如服务器、工作站等。

（4）微型计算机，即微机、个人电脑，有台式机、笔记本电脑、平板电脑等。

（5）嵌入式计算机，以应用为中心的专用计算机，是电器设备中的控制单元，一般由微处理器、外围硬件设备、嵌入式操作系统及应用程序构成，如自动售货机、电视机机顶盒、电梯等电器都使用了嵌入式计算机。

2）计算机只认识“0”和“1”

计算机的运算是由CPU完成的，它是由数字电路构成，数字电路通过控制电压的高、低（高电平表示1，低电平表示0）实现运算。也就是说，计算机采用的是二进制数，这和我们计数的时候用十进制（逢十进一），计时用六十进制（逢六十进一：60秒等于1分，60分等于1时）一样。那么，二进制数的进位和借位规则就是“逢二进一”和“借一当二”。如二进制数“01”和“01”相加等于“10”（相当于1加1等于2），而“10”减去“01”等于“01”。一个二进制位只有两种状态，不是“0”就是“1”。那么，八个二进制位能表示从“00000000”到“11111111”的256种不同的状态。所有程序和数据都要转化为二进制计算机才能识别和运算。CPU要把程序和数据从存储器中输入或者输出，那么对于一个八位二进制的数据就需要八根线（注意：每根电线在某一时刻只能是高电平“1”或者低电平“0”），这就是我们在电脑主板上总是能看到一些排线的原因。这些线就像“铁轨”而不是“马路”。

除了上面讲述的传统概念上的计算机，现今研究的新型计算机主要有超导计算机、光子计算机、量子计算机、DNA计算机。

7.3.2 超导计算机

虽然超级计算机是运算速度最快的计算机之一，但它是一个吞噬电能的大机器，其耗电量惊人，一台超级计算机一年的耗电量和一座城市的耗电量差不多！我国的“天河二号”超级计算机年耗电费至少1亿元人民币，如果全速运算的话，电费将高达1.5亿元人民币。因此，降低计算机的能耗成了需要重点解决的问题。超导计算机的研究旨在解决计算机的高耗电问题。超导计算机就是用超导材料制成电路而构成的计算机，它的运算速度快、能耗低，超导开关器件的速度比半导体和光电器件快。超导材料在特定低温下（零下一两百摄氏度），电阻几乎为零。但是，要维持这样的低温所耗费的电量比超导计算机本身节省的电量还多。所以，科学家在积极寻找常温超导材料。

7.3.3 光子计算机

超级计算机还面临着数据访问速度的限制，它的运行速度越来越快，但是电子计算机要运行程序需要从存储器中读取程序和数据加载到CPU中执行，可是CPU从存储器读取数据的速度却无法跟上，这也是计算机性能提升的瓶颈。这就像所有的水都要通过几根细细的管子流出来一样。因此，人们提出了光子计算机，光子的数据速率大，并且能耗低。

光子计算机是用光信号进行运算和信息存储的计算机，它利用光导纤维传输光信号，用光子芯片运算和存储信息。电子线路的一条导线只能传输一路信息，而光导纤维的一条线路可以同时传输几路信息且传输速度极快，好比电子在走独木桥而光子在宽阔的冰面溜冰。这将大大提高数据和程序的访问速度，有效解决电子计算机访问速度慢的问题。此外，采用光器件也同时解决了计算机的能耗问题。

虽然光子计算机的研究还处于实验阶段，但是随着研究的进展，光子计算机也许会像现在的电子计算机一样进入我们的生活。

7.3.4 量子计算机

科学家研究量子计算机的目的依然是提高计算机的运算速度和降低能耗。据说量子计算机能够在200秒内完成超级计算机一万年才能完成的工作。但是量子计算机并不是电子计算机的加强版，正如电灯泡不是蜡烛的加强版一样，它需要全新的理论和技术。量子计算机运用量子信息学，由以量子位为基础的计算机芯片构成。

1）如果有了量子计算机，银行的密码、通信的加密还安全吗？

大家肯定很关心自己存在银行里的钱是否安全，这关系到财富；也很关心通信是否安全，这关系到隐私。目前来说，银行的密码、通信的加密都是安全的，这是由算力来保证的。如银行的加密系统，简单地说，它会将我们自己设置的几位数的密码，乘一个非常大的质数，然后把相乘的结果作为最后的密码。我们使用的时候，只需要记住几位数，就可以简单地验证。但是如果黑客想要破译，由于相乘之后是一个非常大的数，要把这个数做因式分解，得出我们设置的那几位数，是非常困难的。以目前的电子计算机水平，需要运行上百年的时间才能够破译。因此，目前的加密系统都是安全的。

但是，现有的电子计算技术的计算能力跟未来的量子计算技术的计算能力相比，就是小巫见大巫了。以银行加密为例，早在1994年，美国数学家肖尔（P. Shor）就提出了关于因式分解的量子算法。如果以后量子计算机成功制造出来，上述电子计算机需要运行上百年的因式分解问题，量子计算机只需要几分钟就可以破解了。

因此，量子计算技术必定会带来一场大的社会变革，使得人们的日常生活习惯以及很多行业发生改变。这也是很多国家把大量的人力物力投入这个领域的原因。谁掌握了量子计算技术的前沿，谁就能站在新时代的浪尖上。

2）量子计算为什么那么快?

量子计算技术的算力为什么能比电子计算技术的算力高那么多呢？这就要从它们的计算原理说起了。电子计算技术的基本位是“比特”，它采用的是二进制，每个比特可以存储0或者1。而量子计算技术的基本位是“量子比特”，它不是简单的二进制。量子有叠加态。

一个量子位可以同时表示1或者0的多种可能组合状态。电子计算机中一个比特是0或者1中的一个，那么一个电子计算机的存储单元一次只能存储一个数。而一个量子比特却可以同时是0或者1（两个量子比特就可以同时表示00，01，10，11四个值），有18个量子比特的量子计算机的一个存储单元一次就可以同时存储2^{18}个数。这就使得量子计算机能够有惊人的存储能力和并行计算能力。

正是因为引入了量子叠加态这一新的计算手段，量子计算技术的算力得以超越电子计算技术的算力。值得一提的是，不要以为在电子计算技术中多引入两个状态就可以实现相同的效果（如让一个比特能存储0，1，2，3）。量子叠加态的概率特性是电子技术没有的，只有量子技术才有。

3）量子计算机发展到哪一步了？

量子计算技术的总体发展状况是理论先于实验的。在量子比特被建造出来之前，就已经有量子密码术的研究了。目前，量子计算的算法数不胜数，大有把电子计算中碰到的问题用量子算法重写一遍之势。其中特别重要的算法，除了上文提到的肖尔提出的因式分解算法，还有Grover量子搜索算法（从n个对象中搜索满足特定条件的对象，很多问题都可以转化为这类问题）。

而量子计算技术的实验进展，大致可以划分为四个阶段：第一阶段，构造出量子比特；第二阶段，大规模地构造出量子比特；第三阶段，构造出能针对性地解决特定问题的量子计算机；第四阶段，构造出能通用地解决问题的量子计算机。

对于第一阶段，目前已经证明可以用多种方法构造量子比特，如核磁共振、介观超导电路、量子光腔等。每种方法各有优势，但都面临同样的问题：容易发生退相干（即不能长久保持住想要的量子态）。退相干是自然界普遍的现象，目前还没有特别好的办法可以解决。但不管怎么说，至少能做出量子比特了，第一阶段可算完成。

对于第二阶段，不管是采用上述哪种方法来构造量子比特，都还不能实现量子比特的大规模构造。最近比较突出的成果是做到53个量子比特。量子比特的大规模构造难在不是简单的1+1=2，只是把各个量子比特分别构造出来然后拼在一起是不行的，它还要求这些量子比特之间能相互保持量子联系。从目前的情况来看，任重而道远。也许还需要理论上的创新，提出新的量子比特构造思路才行。

第三阶段其实是与第二阶段同步在做的。现在能做出多少量子比特，就用多少量子比特来尝试去实现一些量子算法，而不一定要等很多量子比特构造出来再去做。只不过量子比特少的话，能实现的功能很弱，这算是未来量子计算机的雏形吧！

第四阶段目前仍然是起步阶段。特别是通用型的，可以说还没有。专用型的进展稍微好一些，有些实验室已经能够做出来去解决一些简单的问题了，但大部分还不如现今的电子计算机。特别出彩的可算加拿大某公司在2007年推出的量子退火计算机（退火是一种算法），它已经商用，可以解决一些实际的优化问题。最新的进展是在2020年12月4日，中国科学技术大学构建了一台76个光子的量子计算机“九章”，它处理“高斯玻色取样”的速度比目前最快的超级计算机快一百万亿倍。

总的来说，量子计算技术目前还处于黎明前的黑暗，路上一片荆棘。期待科学的拓荒者给我们的未来带来一片新世界。

7.3.5　DNA计算机

1994年，美国科学家阿德尔曼（L. M. Adleman）提出了DNA计算模型。DNA计算机也被称为“试管电脑”，这是因为DNA计算需要将DNA溶入试管中，利用DNA分子的双螺旋结构和碱基互补配对原则进行计算。DNA计算首先需要将运算问题编码成DNA分子链，然后将该分子链溶入生物酶溶液中产生生化反应，最后得到运算结果。这显然和传统的计算机完全不同，所以DNA计算的结果也需要通过原子显微镜等生物分子检测技术查看。

DNA计算机的研究者认为DNA计算机的并行运算特点使得它的运算速度远远快于电子计算机，并且存储能力也远超电子计算机。目前除了科学家在积极研究DNA计算机，一些企业也将DNA存储纳入了研究计划。

DNA计算还有一个令人期待的可能就是“人机合一”，即电脑与人脑相结合。采用DNA计算技术，未来可能将人造生物芯片植入大脑或细胞，实现对细胞的控制，这将有助于肿瘤的发现和治疗。

7.4　人工智能会让机器统治人类吗

在1997年的“人机世纪之战”中，“深蓝”计算机经过六场比赛战胜了人类的象棋冠军。2016年，阿尔法围棋在更复杂的围棋项目上战胜了人类棋手。那么，这意味着人工智能超越了人类吗？答案是还差得远呢！原因有两个：其一，它们只在一个很小的项目上胜过了人类；其二，它们根本没有创新能力，假如稍微改变哪怕一点点比赛规则，它们将“两眼一抹黑”，而人类棋手会根据自己的经验和新规则进行战术调整，轻易战胜机器。所以，人工智能与人类智能相差甚远，更不要说统治人类了。

7.4.1　什么是人工智能？

人工智能其实并不像我们在科幻电影里看到的仿真机器人

那样，它已经渗透我们生活的方方面面，如人脸识别、语音导航、语音输入等，这些其实都是人工智能。人工智能是研究、开发用于模拟、延伸和扩展人的智能的理论、方法、技术及应用系统的一门新的技术科学。

1）人工智能的三个层次

（1）弱人工智能，是擅长单个方面的人工智能，现在的人工智能就是弱人工智能，而且在很长一段时间内都会处于这个阶段；

（2）强人工智能，是指能像人类一样思考、学习和解决问题的人工智能；

（3）超人工智能，是各方面都比人类强的人工智能。

2）人工智能程序和普通的程序有何不同

人工智能其实就是大数据计算。普通程序需要编程人员事先设定好流程，计算机按程序一条条地执行，所有可能的情况都必须在程序中事先考虑到，否则程序就会出错。而人工智能程序会自我学习，它通过对大量数据（即样本）的分析，总结出对象的特征，并不断地用样本去验证结论的正确性，反复修改程序参数，不断提高自己的准确率。人工智能的自我学习需要依赖大量的数据和不断的计算，这就需要大容量、高速的计算机，这也是人工智能在这几年才得以大力发展的原因。人工智能的这种自我学习算法就叫作“神经网络”。

3）什么是“神经网络”“深度学习”

“神经网络”是一种模拟人类大脑的神经网络以期实现人工智能的计算机学习算法，这里的关键词就是模拟。那么，人类的大脑神经元是什么样的呢？图7-7可以简单地表示人脑中的神经元，神经元中的树突用来接收信息，细胞核负责处理信息，轴突负责传递信息到和其他神经元连接的轴突末梢。人脑的神经网络就是由很多神经元连接构成的。人工智能的神经元算法结构就是模仿了人脑的神经元，图7-8是一个典型的人工智能神经元算法结构，这也是一个单层神经网络结构。如果把单层神经网络的输出再输入另外一个单层神经网络，就会构成两层神经网络，如图7-9所示。“深度学习”其实就是多层神经网络，层数越多则越“深”。这就好像我们做数学题一样，稍微复杂的题目需要用好几个步骤去完成，人工智能也是一样，要想模仿的效果好就需要很多层，当然计算量也会成倍增加。

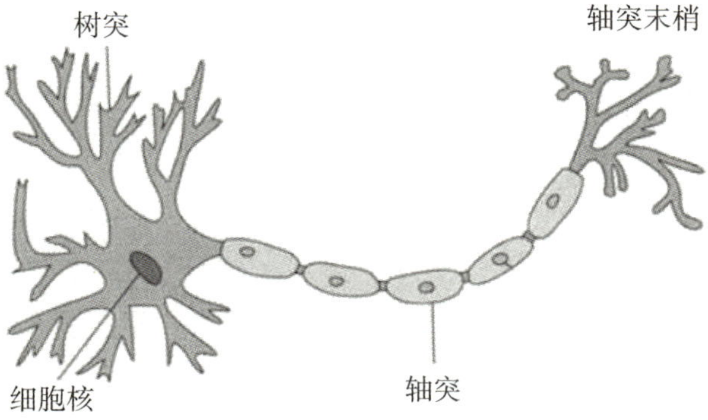

图7-7　人脑中的神经元

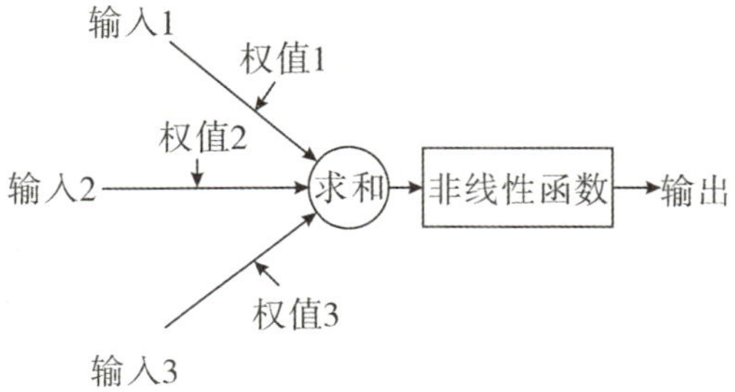

图7-8　人工智能中的神经元算法结构（输入、计算、输出分别相当于树突、细胞核、轴突）

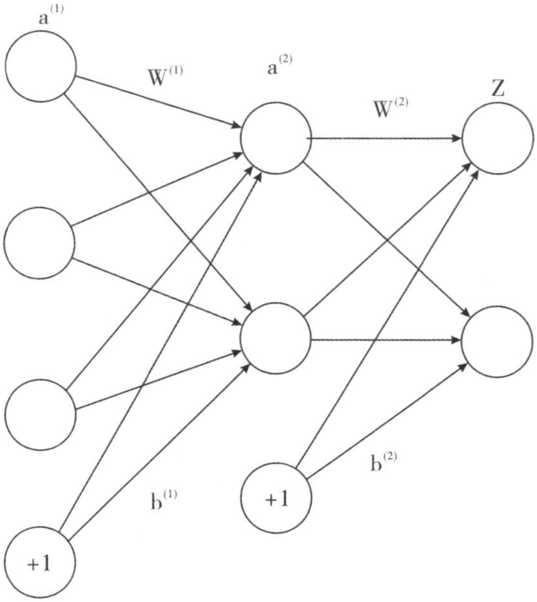

图7-9　两层神经网络

4）人工智能如何学习？

人工智能通过不断的数据训练来学习。前面我们已经为计算机构建了算法结构，那么计算机的学习过程又是怎样的呢？其实就是大数据计算和优化。首先程序员要准备大量的有答案的样本输入计算机，计算机一开始是随机选择神经网络中计算用的权重值，然后算出结果和正确答案对一下，这时的准确率肯定是很低的，计算机再通过优化算法去调整权重值，再计算输出，就这样反复调整和计算，直到输出结果的准确率达到期望就停止训练，此时得到的权重值就是理想权重值，计算机的自我学习就完成了。

从人工智能的学习过程我们知道，训练用的样本数越大，权重就设置得越合理，程序的判断就越准确。如果样本数不够或者这个程序遇到了一些之前没有输入过的案例，那么这个人工智能程序就会出错，这也是目前的人工智能还处于弱人工智能状态的原因。

7.4.2 人工智能会让我们失业吗?

科大讯飞的语音识别准确率达到97%，可以取代大型会议中的专业速记员。富士康仅在昆山工厂就裁掉6万员工。富士康以人工智能取代肉眼验货，精准度达到98%以上，采用这个系统只需50条生产线，即可令所需人手由400人减少至2～3人，可大大降低运作成本。

我们在网上随便搜索都能看到人工智能取代人力的新闻。人工智能将对简单的、缺少创新的工作产生巨大冲击，正像每次工业革命会让很多人失业一样。但是，类似地，它也会创造很多新的岗位。机器改善了人类的工作环境，把人类从繁重、枯燥、危险的体力劳动中解放出来，让人们可以将时间和精力投入更有创造性的工作中。所以，人工智能会让我们的工作变得更高效、生活变得更有质量。随着人工智能的发展，人工智能的应用领域也越来越广阔。

1）人工智能的应用领域

人工智能在语音识别、图像识别等方面已经展现了它的非凡魅力，它的应用领域涵盖了医疗、金融、家居、教育、交通、物流、安防等。如扫地机器人、智能音箱、自动驾驶、自动售货、机器人派送、机器人批改试卷、智慧柜员机、交易风险识别、预防交易欺诈等都有人工智能的身影。医疗+AI更是很多公司和研发团队的研发重点。

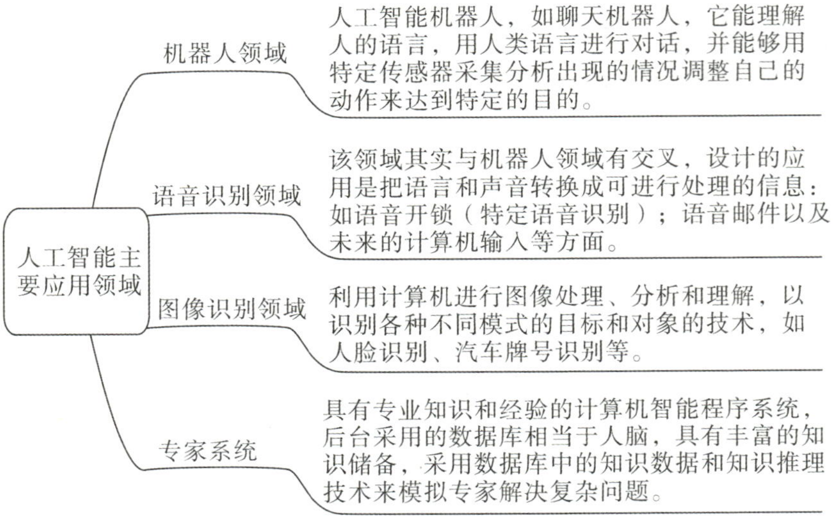

图7-10　人工智能的应用

2）医疗+AI

（1）医学影像+AI：B超、CT、核磁共振等医疗诊断结果的准确率依赖于操作这些设备的医生，而培养一个专业医生需要的时间长、投入大。AI最擅长的就是处理数据，基于深度学习的医学影像诊断机器人由开发者将大量的临床诊断图片和数据输入计算机，由程序进行训练、学习，提高算法的诊断正确率。现在已经应用的医学影像机器人的诊断率已经达到专家级别。AI的助力将让医生多一双眼睛，能大大降低医生的劳动强度。

（2）智能诊疗：分析体检报告，自动识别病人的临床指标变化，并提供治疗方案，辅助医生进行诊疗。智能诊疗是通过程序比对数据库里的大量病理分析和治疗方案完成的。

（3）药物研发：药物研发智能系统可以根据数百万患者的大数据信息，快速、准确地筛选出适合的药物，并通过模拟来预测药物的活性、安全性和副作用等。人工智能引入药物研发能缩短研发周期、降低研发成本，为生命争取时间。

（4）AI辅助下的预约挂号、外科手术、康复护理也得到了广泛的应用。手术机器人拥有高分辨率3D视觉、器械自由度，能在狭小的空间内进行更灵活、精准的操作。

（谢丽英撰写）

8 通信技术

——我想对你说

最初，人们只能通过语言、手势、旌旗、烽火台等方法传递简单的消息；随着文字的出现，人们又可以通过写信传递消息；当人们发现了电以后，又逐渐学会利用电信号传递复杂的消息。今天，电信号已经把人类带进信息时代，互联网、移动通信、光纤通信、卫星通信等通信网络加速了人类的信息化进程，使人们的通信变得更迅速、更广泛。

8.1　5G通信

8.1.1　什么是通信?

消息的传递过程就是通信。我们现在所说的通信一般是指电通信。如图8-1所示，通信系统的一般模型包括信息源、发送设备、信道、接收设备和受信者。

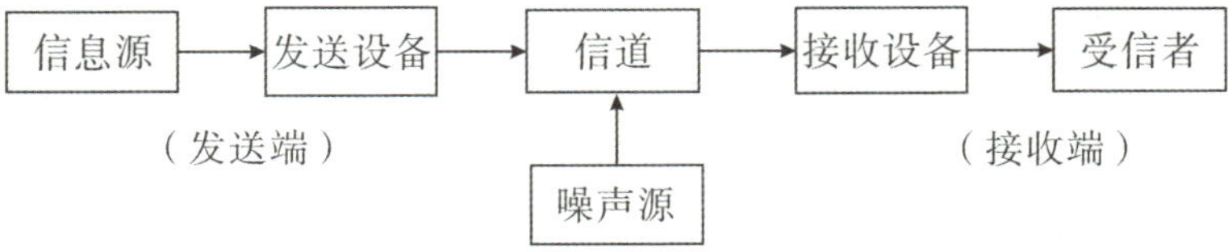

图8-1　通信系统的一般模型

把各种消息转换成原始电信号，这些原始电信号就是信息源，如手机的麦克风把语音信号转变出来的电信号。发送设备负责把信息源转变成适合在信道中传输的信号，其中比较重要的一步就是调制，调制好比是把信息装载在一辆车上。信道就是信息传播的通道，如计算机网络里的网线、手机和基站之间的无线信道都属于信道。接收设备负责把收到的信号恢复成原始电信号，即解调。解调好比是将信息从车上卸下来。受信者负责把原始电信号还原成相应的消息，如手机的听筒（扬声器）就是把电信号转变成语音信号的设备。

1）信道

信道可以分为有线信道和无线信道。常见的有线信道有双绞线（如网线）、同轴电缆（如有线电视线）、光纤等。无线信道则是利用电磁波在空间的传播来传输信号的，如我们常用的Wi-Fi、手机和基站之间的通信信道都是无线信道。电磁波在真空中的传播速度是固定等于光速的，它的波长和频率满足下面这个式子：

$$波长 \times 频率=光速$$

所以，电磁波的频率越高则波长越短。

2）对信号进行调制的原因

调制就是将表示消息的低频电信号加载到更高频率的电信号上。对信号进行调制的原因有两个：一是，无线信号需要通过天线发射出去，低频信号的波长很长，如果直接发射低频信号，则需要的天线尺寸将达到数千米，这显然不实际。二是，若信号不经过调制直接发送到信道，那么同时发送几路信号时，信号会互相影响而无法正常通信；但如果把信号加载在不同频率的电波（即载波）上，则可以同时传输很多路信号，这就如同把一条马路划分成多条车道，供不同的载波“装载”着不同的信号在不同信道上“行驶”。

3）载波的频率越高则发送信息的速度越快

我们把电信号加载到载波上的方法有很多，即调制有很多种，以数字调制中的正交相移键控4PSK为例，4PSK利用载波

4种不同的相位分别表示两个“0”“1”信息的组合，如图8-2所示。

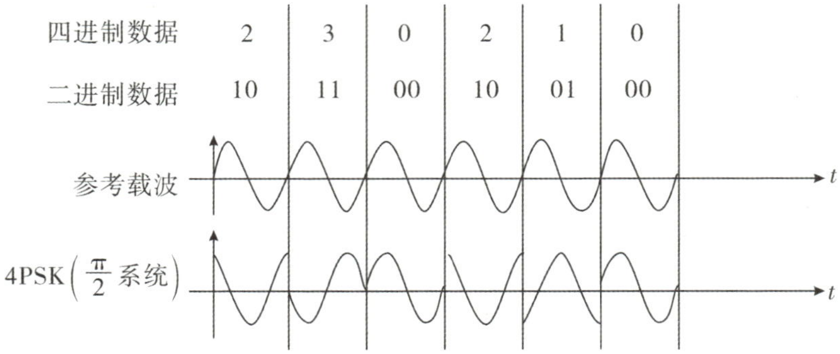

图8-2 4PSK利用载波4种不同的相位来表示“0”“1”的组合

而我们知道，要传递的信息都是用很多的“0”“1”的组合构成的。图8-2中的一格（如“11”的波形）是两个载波波长。载波频率越高，即单位时间内的载波“波数”越多，单位时间内能表达的“0”“1”信息就越多。可以说，同一种调制方式下，载波的频率越高，单位时间内携带的信息越多。所以，现在你能理解为何大家总是说5G的速度更快了吧！这里的速度快不是指电磁波的传播速度快，而是指5G通信技术采用超高频电磁波作为载波，载波的频率很高，单位时间内传播的信息就很多，信息的传播速度自然就快了。

8.1.2 通信网的构成

我们的生活中有很多类型的通信网，如有线电视网、互联网、移动通信网等。这些网络的基本构成是相似的，其结构如图8-3所示。

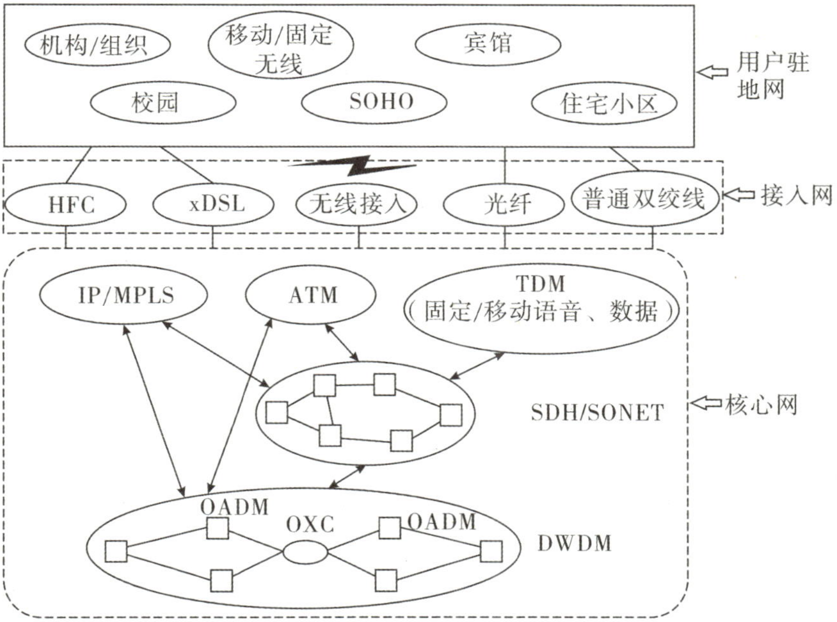

图8-3　用户驻地网、接入网和核心网构成通信网

通信网由用户驻地网、接入网和核心网构成，为用户之间提供通话、数据业务等通信功能，是信息化社会的基础设施。我们以移动通信网为例进行介绍。我们用手机打电话就必须接入运营商的通信网络之中。把手机接入网络的这一层设备，就叫作接入网设备，我们熟悉的基站就是接入网设备中的一种。基站由处理设备、天线、电源设备等组成。基站将手机发送来的信号通过光纤（承载网）传送给核心网。核心网负责信息的交换和传送。如果你要打电话给你的朋友，核心网就会寻找你朋友的手机所在的基站，并为你们建立一条通话的通道。图8-4就是一个简化版的移动通信架构图。

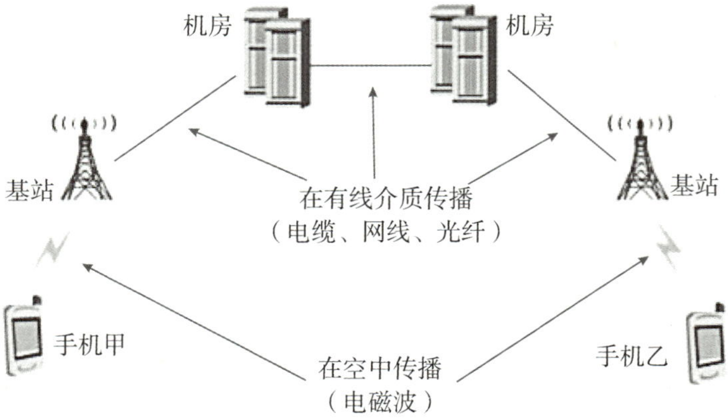

图8-4　简化版的移动通信架构图

8.1.3　什么是5G通信技术？

5G是指第五代移动通信技术，是新一代的蜂窝移动通信技术，其性能目标是高数据速率、低时延、高系统容量。这一目标是源于各种智能终端的普及和智能终端之间互联的需求而发生的移动数据流量爆炸式增长。那么，要实现5G的性能目标，5G就要解决很多实际的技术问题，包括如何提高传输速率和降低时延、如何提高系统容量。

移动通信网络中，基站到核心网之间采用的是有线通信，现在大多是光纤通信。而手机到基站之间的无线传输才是移动通信的瓶颈，以4G LTE为例，理论带宽只有150 Mbps。所以，5G如果要实现端到端的高传输速率，重点是要突破无线传输部分的瓶颈。正如我们前面分析的，要想提高无线传输速率和降低传输时延，在无线传输部分就必须采用超高频载波。此外，频率越高，能使用的频率资源就越丰富，能容纳的用户就越多，即系统容量越大。

无线通信部分是利用电磁波进行通信的，无线通信所使用的电磁波的频率范围是有限的，如图8-5所示。为了避免干扰和冲突，我们要在这条公路上进一步划分车道，分配给不同的对象和用途。一直以来，手机移动通信主要是用中频到超高频进行通信的。如大家用过的GSM900和CDMA800，就是指工作频段在900 MHz的GSM，和工作频段在800 MHz的CDMA。而正在使用的4G LTE技术，属于特高频（0.3～3 GHz）和超高频（3～30 GHz）。对于5G，目前国际上主要使用28 GHz进行实验。

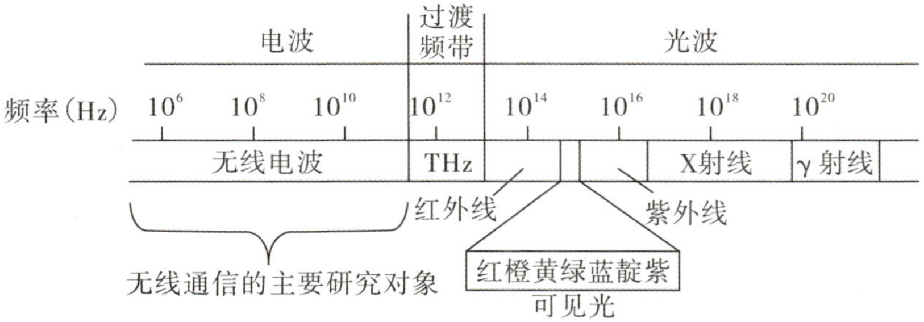

图8-5　电磁波谱

5G的无线通信部分采用的频段高了就会带来一系列的技术问题，包括传输距离短、覆盖能力减弱。我们知道电磁波的波长等于光速除以频率，所以频率越高，波长就越短（5G的无线传输就是采用毫米波）。波长越短，电磁波的绕射能力就越差，也就越接近于直线传播，且在传播介质中的衰减也越大。那么，这就带来两个最直接的影响：一是基站覆盖范围小，所以基站数目就要增加；二是波长短了，天线尺寸就小了，无论是手机还是基站都能安装很多天线，同时基站的尺寸也能减小。

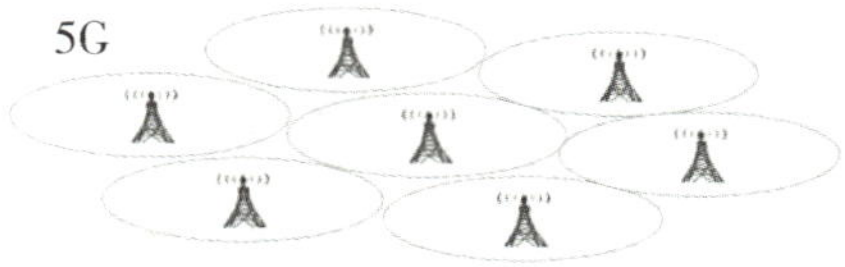

a.5G的基站覆盖范围小

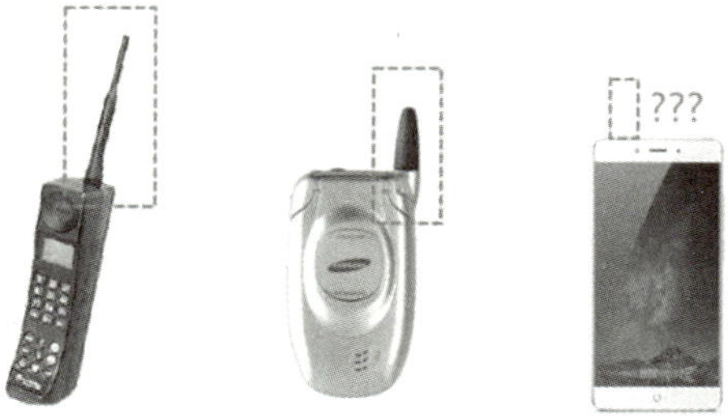

b.频率越高，天线尺寸越小（注：现在手机的天线小到可以内置）

图8-6　5G采用的高频段使得基站天线尺寸变小、覆盖范围变小

8.1.4　5G通信会给我们带来什么?

5G网络的特点是高速率、低时延、大连接。

1）高速率——网速到底有多快?

相比现在的每秒十几 MB的4G，5G的理论下载速度是1.25 GB每秒。5G的峰值速率将是4G网络的10倍以上。

2）低时延

5G时代，网络时延是毫秒级，比人的反应速度还要快。低时延的主要应用场景是控制类，如无人驾驶、工业自动化、远程医疗等。无人驾驶汽车需要中央控制中心和汽车的互联、车与车的互联、车与路边交通设施的互联。对于高速行驶的汽车，需要以最短的时延将信息送至车上，进行制动与车控反应。而无人驾驶飞机则对低时延的要求更高，在百架无人驾驶编队飞行中，极小的偏差都可能导致碰撞事故的发生。在工业自动化和远程医疗中，机械臂的操作要保证工作的高品质与精准性，也需要极小的时延。

3）大连接

大连接是指每平方千米的连接数量能达到百万级，不只是连接人，而且连接人和人、人和物、物和物，最终实现万物互联。大连接意味着连接的广泛性，即我们社会生活的各个方面，需要广覆盖。

8.2 光通信

从上一节我们知道了通信所用的电磁波频率越高，网络容量越大、速度越快，从电磁波谱我们发现可见光波段的频率比射频波段更高，那么是不是用光波进行通信会更棒呢？那是肯定的。我们每天都在使用光纤通信，这是光通信的有线通信方式。现在科学家正在研究光的无线通信——可见光通信（Visible Light Communication，VLC）。想象一下开灯就能高速上网的情景，多么美好！

8.2.1 开灯就能上网的可见光通信

可见光通信就是利用可见光波段的光作为信息载体的无线通信方式。Li-Fi（Light Fidelity，光保真技术）是其中一种应用，有望成为Wi-Fi的有效补充技术。

1）可见光通信的原理

LED（Light Emitting Diode，发光二极管）的高速开关特性（每秒数百万次的开关）使得它在照明的同时可以进行高速通信。我们知道信息是用“1”和“0”的组合构成的，用二极管的通和断就能分别表示“1”和“0”，把要发送的信息全部用“1”和“0”表示，然后控制二极管通和断就能让照明灯发送信息，而接收端则利用光电二极管等光电转换器件将光信号转换成电信号。

灯不停地闪会让我们的眼睛受不了吗？答案是不会。人眼根本不能分辨这么快的开关速度，其实电视机和电脑屏幕都是利用了人眼的视觉暂留现象（又称余晖效应）。

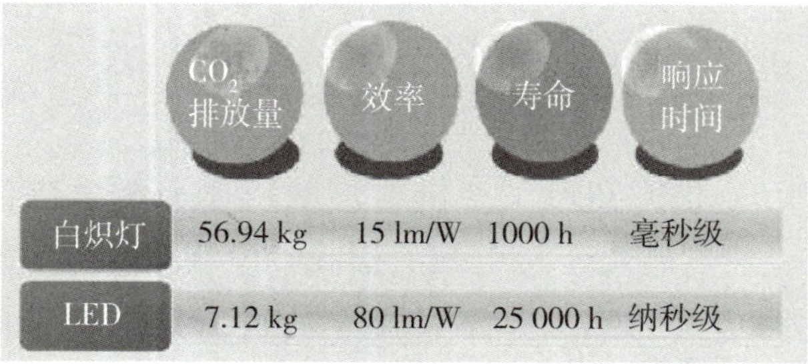

图8-7　白炽灯与LED的性能比较

趣味小知识：天空为什么是蓝色的？太阳光是由多种颜色的光组成的，其中蓝色光更容易与空气分子发生散射（瑞利散射定律），将蓝色光反射到各个方向，所以我们总能在晴天看到蓝天。但是，如果空气中有很多灰尘（有较大的颗粒参与散射），散射的规律会发生改变（米氏散射定律），所以大城市的天空偶尔是灰蒙蒙的。

2）可见光通信的优点

可见光通信的优点有高速、宽频谱、实用、环保、高保密性。

（1）高速：每秒十兆至几十兆。想象一下，站在路灯下0.2 s就能下载一部电影。

（2）宽频谱：可见光频谱的宽度可达到射频频谱的1万倍。

（3）实用：除了日常使用，还能在医院、机舱、矿井、核电站等禁止使用无线电磁波通信的地方使用；由于可见光中的蓝绿光在海水中的衰减很小且传播速率高，可见光通信还可能用于水下中短距离的无线通信（注：因为电磁波在水中的衰减很大，所以水中通信不能采用无线电磁波通信，而且目前使用的水下声波通信传输速率低）。

（4）环保：在照明的同时完成通信，能节省大量的能源（注：目前手机无线通信的大部分电能消耗在为基站设备降温上，其能耗效率只有5%）。

（5）高保密性：光是直线传播，容易被遮挡，所以在室外无法监测到室内通信信号。

3）可见光通信所采用的光源

可见光通信所采用的光源有白光LED和激光二极管。

（1）目前VLC技术采用的光源主要是白光LED，在发送端用波分复用的方式调制不同数据可以实现多路数据并行传输，而在接收端用不同颜色的滤波片进行接收。

（2）激光二极管的传输速率比LED快10倍，需要在激光中混合不同波长的光来产生白色照明光。相比之下，LED是现在的主要照明光源，只需要在LED中增加一个微芯片就可以实现信号传输，因此LED作为Li-Fi光源更易推广、性价比更高。

4）可见光通信的应用方向

可见光通信的应用有Li-Fi、水下光通信、定位导航、智能交通控制和隐形广告等。

虽然现在已经有少数可见光通信产品问世，但是由于某些技术问题还没有解决，如无法利用可见光回传数据、电力线难以支持信息流到灯、可见光易于被遮挡、环境光源干扰、传输距离短、接收双方要保持相对静止等问题，可见光通信尚未被广泛应用。相信随着可见光通信的持续研究，它必然会发挥自身的优势，成为现有无线通信方式的有效补充。

8.2.2　光纤通信

光纤通信是将电信号转化成光信号，在光导纤维（简称光纤）上传输光信号的有线通信方式。目前，85%以上的语音、数据、图像信息都是通过光纤传输的。光纤通信有几大优点：①传输容量大；②传输衰减小、中继距离远；③相对于同轴电缆，相同容量的光缆轻，便于铺设；④光纤成本低，因为光纤的内芯是二氧化硅（沙子的主要成分）。

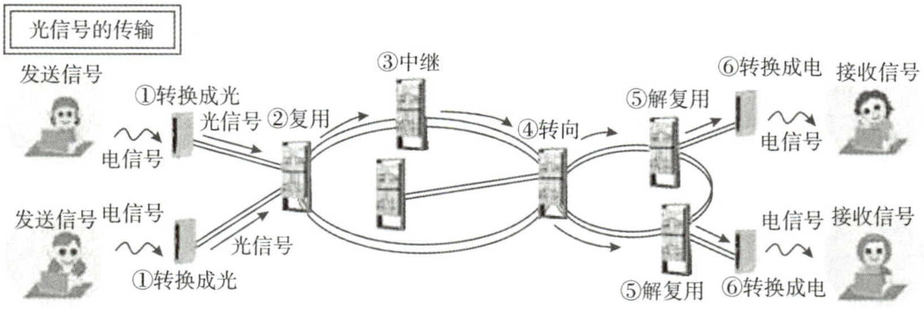

图8-8　光纤通信

如图8-8所示，光纤通信设备的作用有发送信号（将电信号转换成光信号）、信号复用（将多路信号汇聚在一起）、信号中继（信号的加强）、信号转向、信号解复用、接收信号（将光信号转换成电信号）。

1）光纤为何能传播光信号？

光纤之所以能传播光信号是利用了光的全反射来改变光路。

那么，什么是光的全反射？光在同一介质中是直线传播，在折射率不同介质的界面将有一部分光发生反射而另一部分光发生折射。当光线由折射率大的介质射向折射率小的介质时，如果入射角大于某个值，折射光完全消失，只剩下反射光。图8-9中的光线 3 就发生了全反射。

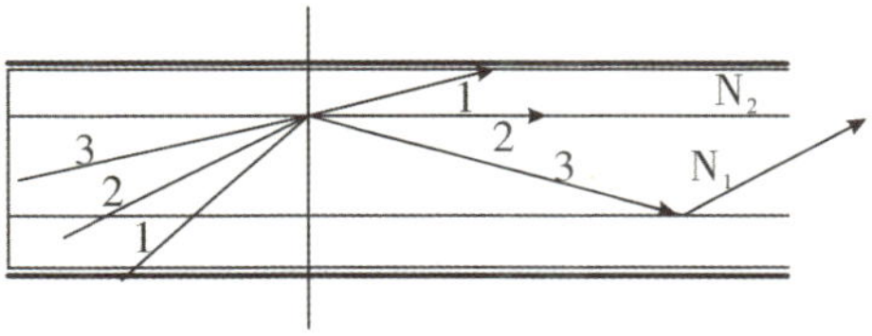

图8-9　光的全反射

光纤传输光信号就是利用了光的全反射，一根光纤比头发丝还细，由折射率较高的透明纤芯、折射率较低的包层和外面的涂覆层构成。多根光纤加保护材料可以构成光缆。

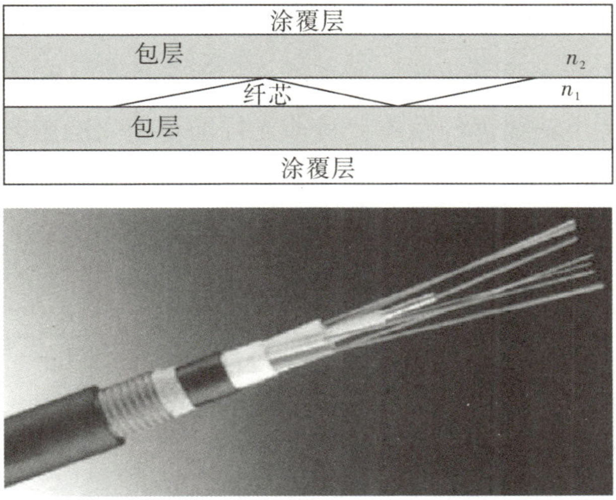

图8-10　光纤的结构和光缆

趣味小知识：海市蜃楼的形成也是因为光的折射和全反射。海面下层的空气温度低，密度大，折射率大，海面上层的空气温度高，密度小，折射率小，远处物体（图8-11中的船）发出的光线向空中入射时不断折射弯曲，到达某个高度时发生全反射，再射回地面，而观察者会感觉这些光线来自空中。

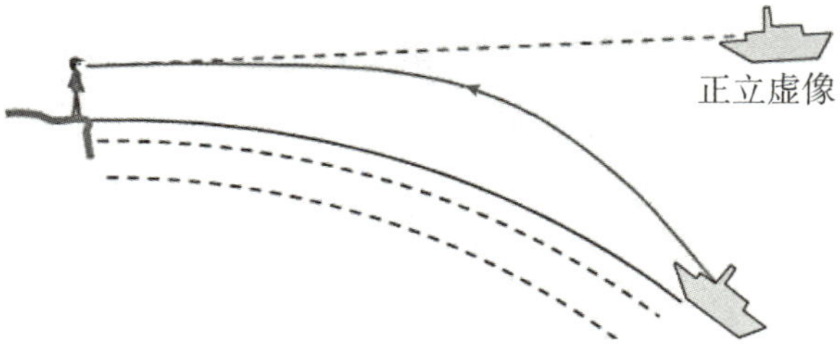

图8-11　船悬于半空的海市蜃楼奇观

2）光如何携带信号?

光发送机在发送端将电信号转换成光信号，它由驱动电路、光源和调制器构成。光接收机在接收端将光纤送来的光信号还原成电信号，它由光电检测器和解调器组成。

3）光纤通信的光源是激光

因为激光的方向性好、亮度高、单色性好、相干性好，所以激光能传输很远的距离。目前光纤通信使用的激光的波长有三个：850 mm、1310 mm和1550 mm的近红外区的激光，之所以选择这三个波长，是因为这几个波长的激光在光纤中的损耗小（图8-12），能传播得更远。

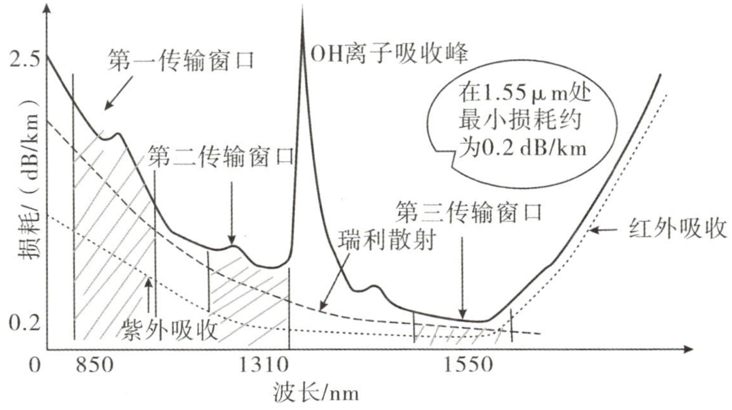

图8-12　激光在光纤中的损耗特性

4）一根光纤如何携带多路信号——光的复用和解复用

光纤通信的复用技术有时分复用、码分复用、波分复用和频分复用，其原理是类似的，就好比把马路分成好几条车道给不同类型的车使用，其中波分复用技术就是在一根光纤中传输多个波长的光，如图8-13所示。

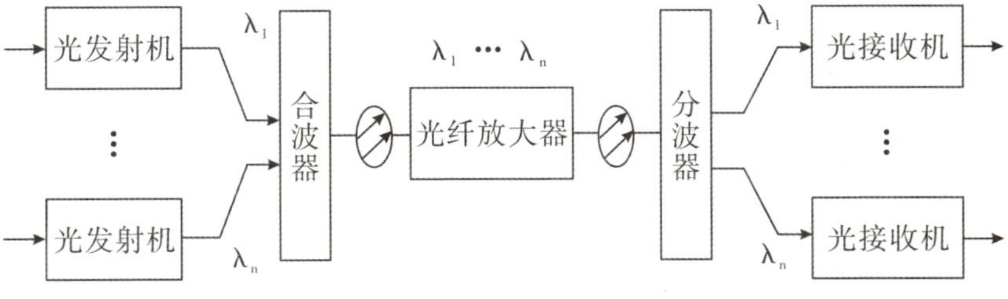

图8-13　光波分复用技术

5）光纤通信的历史

1880年，贝尔（A. G. Bell）发明了“光话机”，他将太阳光聚成一道窄光束照在很薄的镜子上，镜子随着声波的振动改变反射光的强度，接收方的侦测器感应光强度的变化来改变电阻值，从而改变电流，最后由此还原出声波。但是由于光线在空气中衰减很快，这个光话机只能传播200米。

1887年，英国科学家博伊斯（C. V. Boys）通过实验在热玻璃里拉出了一根长长的细玻璃纤维。

1938年，美国和日本的公司开始生产玻璃长纤维，此时的纤维没有包层，是裸纤维，会引起光信号泄漏。

1951年，光物理学家布赖恩·奥布赖恩（Brian O' Brian）提出了包层的概念。

1960年，第一台激光器问世，为光纤通信提供了更好的光源。由于当时的光纤传播损耗太大，很多工程师放弃了光纤通信的尝试。直到1966年华裔物理学家高锟得出了“光纤损耗不是因为玻璃本身而是由于材料中的杂质”的结论，又为光纤通信的实现燃起了希望。自此以后，光纤的损耗在人们的不懈努力下一降再降，在1986年达到0.154 dB/km，接近光纤最低损耗的理论极限。

1980年，美国的光纤通信系统投入商用。

1989年，第一条横跨太平洋的海底光缆通信系统建成。

8.3　万物互联——物联网

国家存粮“心中有数”，据物联网（Internet of Things，简称IOT）粮食仓储的数据，我国粮食库存足够全国人民吃一年，辟谣“中国粮食危机”。

在广州市花都区，一座现代化仓库悄然而立，依托6000多个传感器和监控探头，仓库粮食颗粒清晰可见。这是中国储备粮管理集团有限公司仓储物联网的一部分，如今，该公司已经建成了覆盖全国的庞大粮食仓储物联网，以保证中央储备粮质量良好、数量真实。物联网技术在粮食存储中的应用让管理者打开电脑就能清楚地知道各个粮仓的种类、数量，粮仓中还安装了能联网的测温点和湿度传感器，能实时采集、分析、预警仓内粮食温度的细微变化，可以第一时间处理出现的问题。此外，在办公室里1分钟就能操作电脑应用智能通风系统，远程操控风机、通风窗，实现智能通风。

那么，物联网是什么呢？

8.3.1 物联网是什么？

物联网即万物互联。通过射频识别（RFID）、红外感应器、全球定位系统、激光扫描等技术把物品、设备与通信网和互联网相连，从而实现物理世界的信息交换、通信、识别、定位、跟踪、监控和管理的一种网络。

8.3.2 物联网的架构和原理

物联网的本质是互联网的延伸，只是它的终端不再是计算机，而是嵌入式系统及其配套的传感器。虽然很多书中把物联网的架构描述成感知层、网络层和应用层三层，但是我们认为把物联网的架构视为包括感知层、传输层、支撑层和应用层更易于理解，其架构如图8-14所示。感知层、传输层、支撑层分别是物联网的“皮肤和五官”“神经系统”和“大脑”。物联网通过自己的“皮肤和五官”（即感知层）去感知信息，再将感知的信息通过自己的“神经系统”（即传输层）送给“大脑”（即支撑层），最后“大脑”经过思考（即信息处理）控制“身体”（即设备）去完成一件事情（即应用层）。这四层的作用和技术分别为：

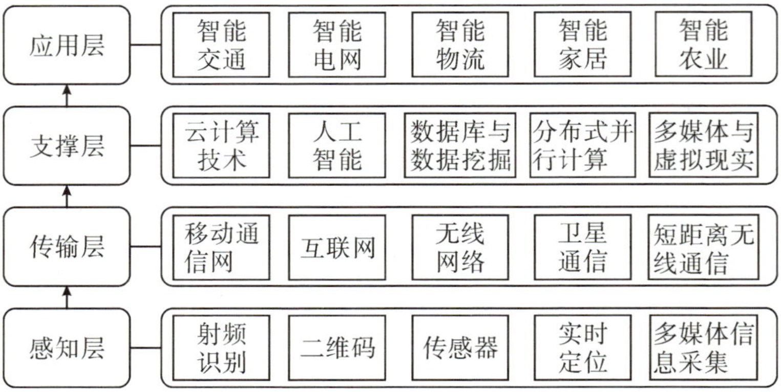

图8-14　物联网的架构

（1）感知层：物联网的“皮肤和五官”，实现对现实物理世界的信息采集与物体识别，所应用的技术主要有传感器、RFID、多媒体信息采集、二维码和实时定位等技术，相应的设备有温度传感器、声音传感器、图像采集卡、压力感应器、RFID读写器、二维码识别器、全球定位天线和定位模块等。

（2）传输层：物联网的“神经系统”，通过现有的互联网、移动通信网等网络设施，用来传输感知层“感受”到的信息，这些信息和应用场景有关，如物体的识别信息、环境温度和湿度信息、图像信息、声音信息、位置信息、血糖值等。

（3）支撑层：物联网的“大脑”，即计算中心，负责信息的处理，计算中心可以是本地的计算机，也可以是网络运营商的数据中心，应用到的技术主要有海量数据存储与数据挖掘技术、分布式并行计算技术、数据管理与控制技术、人工智能技术等。

（4）应用层：包括各类用户界面显示设备和管理设备。

要实现万物互联首先就要能够识别物体，RFID技术就担负了这一重要使命。RFID即射频识别，又称电子标签、无线射频识别、感应式电子晶片、感应卡或电子条码，是通过无线电信号来读取特定目标的相关数据进行目标识别，并且可以与识别目标进行数据交换的技术。RFID技术是一种非接触式的自动识别技术，可识别高速运动物体，并可同时识别多个标签，识别距离可达几十米。RFID技术和我们的生活息息相关，如常用的身份证和校园卡就使用了这种技术。

8.3.3 物联网的应用场景

物联网不是一项普通的技术，它是继计算机、互联网和移动通信之后的新一轮信息技术革命。16世纪以来，世界上发生的每一次科技革命都深刻地影响了世界。我国的科技产业起步比较晚，但是在国家的大力支持下，我国现在的信息技术水平不亚于任何一个国家。早在我国“十二五”规划中物联网的发展就已上升为国家发展战略。“十四五”规划中则划定了七大数字经济重点产业，包括云计算、大数据、物联网、工业互联网、区块链、人工智能、虚拟现实和增强现实，这七大产

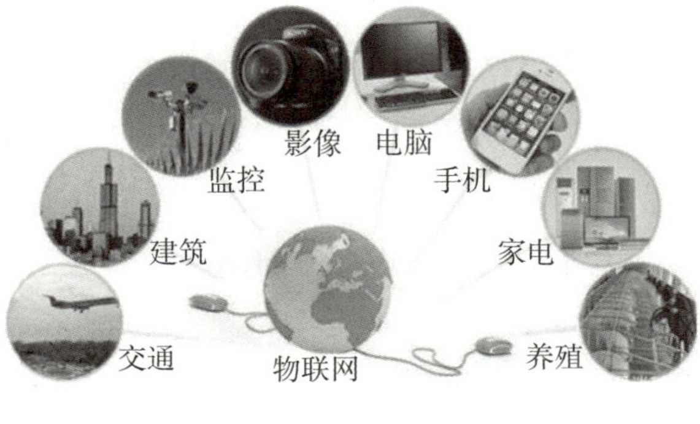

图8-15　物联网将深入我们生活的方方面面

业也将承担起数字经济核心产业增加值占GDP超过10%目标的重任。对于我国而言，物联网技术的发展和应用将创造巨大的价值。

1）物联网打造智慧城市

城市化已经成为全球趋势，由此衍生出交通拥堵、能源短缺、环境污染等城市化问题。发展物联网是解决城市化问题的重要手段，它将服务于智慧城市的方方面面。

（1）智慧交通：将信息技术和数据传输技术等有效地集成到交通管理系统、车辆中，从而改善交通环境、保障交通安全、提高交通资源利用率。主要有智能公交车的智能调度系统、共享单车的智能定位和管理、车联网及自动驾驶、充电桩的远程管理、智能红绿灯、电子车牌、智能停车、高速无感收费等。

（2）物流：可以系统感知、全面分析物流的各个环节，进行自动仓储管理、运输检测等。比如智能物联网分拣系统，应用了智能排队导入技术、超高频360度读码技术、柔性分拣技术等，这套系统每小时能完成4000个集包袋的分拣任务，准确率达到99.99%。

（3）医疗：物联网技术能让医院实现对医疗对象（如医生、护士、病人、设备、药品等）的智能化感知和管理，并且支持医院医疗信息、设备信息、药品信息和人员信息的数字化采集、处理和存储。现在医院中应用比较普遍的医疗物联网应用场景主要有体征监测（心电、血糖等）、人员管理（护理人员定位、婴儿防盗等）、输液管理、远程转诊会诊、手术室管理、环境监测、药品管理等。

（4）零售：应用例子有全自动商店、智能货架、顾客消费行为分析等。

（5）制造业：物联网在制造业中的用途主要有工厂的数字化管理、设施管理、生产流程控制、库存管理、质量控制和包装控制等。

（6）智能家居：利用计算机、嵌入式系统、无线模块、网络，将家庭中的各种设备（如照明、安防、家电等）通过网络连接在一起，使用户更方便地管理家里的设备。最简单的一个例子，如智能灯泡，可以让我们通过手机控制开关灯、调节灯光颜色、亮度，甚至可以通过灯光随音乐闪动制造出炫酷舞池。

（7）能源环保：将水能、电能、燃气以及路灯、井盖等与物联网结合。比如，电力公司用电信息采集的无线抄表数据中心，让抄表员再也不用挨家挨户地去抄电表。

2）物联网打造智慧农业

农民的工作历来是最辛苦的工作之一，而机械能把人类从繁重的体力劳动中解放出来，在现在和将来，智慧农业则能让农民坐在电脑前更精准地管理自己的农田。物联网让植物有了一颗“智慧心”。物联网应用传感器技术和信息技术可以实现科学智能的作物栽培管理、畜禽饲养等。例如，大棚里的湿度传感器、温度传感器、摄像头可以实时监控植物的生长情况。据权威咨询机构的报告，利用物联网，全球可增加70%的粮食产量，从而满足2050年将达到的96亿人口的粮食需求。

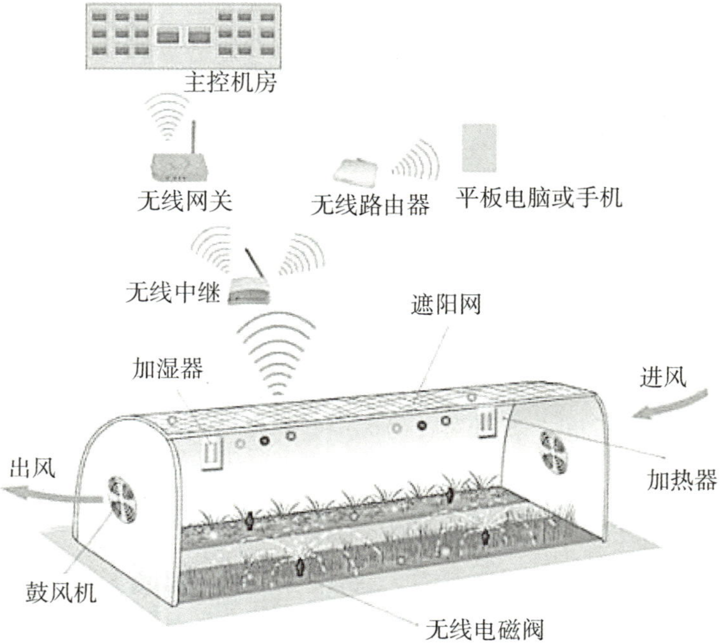

图8-16 物联网让温室大棚变得“智慧”

8.3.4 物联网的发展历史

物联网其实就是以前的嵌入式系统联入网络。除了物联网，改名的还有服务器技术（现在叫“云”）、单片机（现在叫“智能硬件”）。物联网的概念是1999年由美国麻省理工学院自动识别中心的联合创始人提出的，其发展经历如图8-17所示。

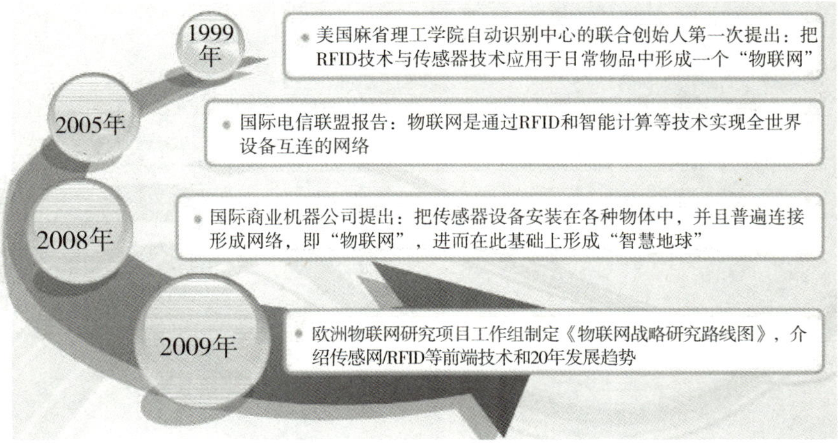

图8-17 物联网的发展历史

（谢丽英撰写）

9 航天技术

——目标是日月星辰

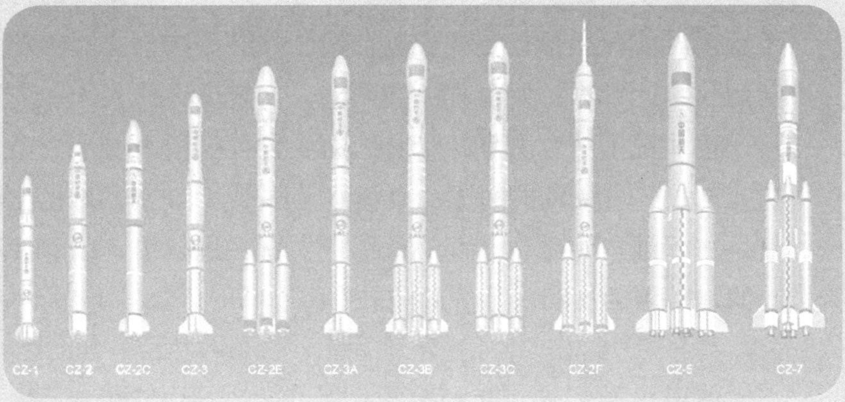

对未知的好奇，是人与生俱来的本能。而我们头顶上的星空，更是我们从孩童时期便存有的憧憬。人类自古以来的上天梦，已被现代科学技术实现，但人类探索宇宙奥秘的热情依然高涨。因为这个宇宙对我们来说，仍然充满了神秘感。本章就让我们来看看近年来人类航天技术所取得的一些进展吧！

9.1　踏入太空的使者

我们聊的第一个话题是火箭。

虽然可以根据牛顿力学对火箭升空的现象做简单的物理模型和解释，但是要真的实现把探测器、卫星等送入太空，却是一项非常复杂的系统工程，需要耗费大量的人力、物力和财力。在理论上也需要多学科的交叉融合，如空气动力学、化学、电子学、控制理论（控制学）等。这些不是简单的拼凑，不仅要看各项指标，还要通过反馈、相互影响，才能实现各项功能。由此可见，要实现火箭升空，需要庞大的人才和资源储备，也体现了一个国家的综合国力。自第一枚火箭上天至今已逾几十载，可是发射的成功率仍然无法保证100%，可见此事之复杂与困难。而研制更好的火箭也一直在进行中，以求找到完美的、带领人类踏入太空的使者。

9.1.1　SpaceX的神话？

要说当今关于火箭的最热门的话题，莫过于SpaceX公司（太空探索技术公司）。这家公司采用了一种新颖的理念：组装式、可重复使用的火箭，像一场华丽的表演一样，吸引着大众的眼球。

说起可重复使用的特性，不禁让人想起曾经一度被寄予厚望的航天飞机，但后来由于维修成本非常高、实际使用寿命又比设计使用寿命短很多，以及存在较高的风险，美国政府不得不叫停。

那么SpaceX公司的火箭是否会步航天飞机的后尘呢？

其实这两种可重复使用的器件并不一样。航天飞机是回收上天后的返回机，而SpaceX的火箭只是回收一级火箭（也就是升空时最初分离的级联部分）。前者是航天器主体，而后者是运载火箭的一部分。

SpaceX公司的猎鹰火箭采用的是垂直起飞垂直降落技术。在试验中，其一级部分在升空约1000米处分离、而后精确地落入预定地点，实现了火箭的回收。虽然其可靠性还需要进一步提高，但是这项技术在视觉上给人很大的冲击，也确实能够节省不少成本，中外专家都给予了好评。

对于组装式火箭的思路，则褒贬不一。它的确有其新颖之处，即通过把多个小型的火箭组装起来，以此达到大的运载能力。但是，对于火箭这么复杂的系统而言，其运载能力并不能以简单的加减法来计算，而且组装多个小火箭还有可能会带来整体可靠性变低的恶果。事实上，SpaceX公司还没承担过运载量特别大的项目，所以这个方式还有待进一步的试验验证。从目前的情况来看，SpaceX公司的最新型号重型猎鹰，其运载能力还没超过历史上著名的“土星5号”火箭（阿波罗登月计划中使用的火箭）。我们可以期待SpaceX公司以后的表现。

9.1.2 目前的天花板——“土星5号”

上文提到的“土星5号”火箭，虽然已经过去了几十年，但仍然是历史上运载能力、成果最为显赫的火箭。它是NASA（美国国家航空航天局）在阿波罗登月计划和天空实验室计划中所使用的多级可抛式液体燃料火箭。

图9-1 “土星5号”火箭

“土星5号”的起飞质量达3038.5吨，总推力达3408吨，近地轨道运载能力为118吨，而月球轨道运载能力为45吨。虽然苏联的“能源号”运载火箭号称运载能力强于“土星5号”，但其仅有2次发射纪录，也没有意义特别重大的运载，且随着苏联的解体和资金的不足，很快便停产了。而“土星5号”在1967年到1973年间有着多次完美发射纪录。因此，综合运载能力、运载意义、发射次数与成功率等因素，“土星5号”不愧是至今火箭科技史上的天花板。

当然，“土星5号”的耗资也是巨大的。1967年到1973年间，美国政府对其拨款高达65亿美元（由于通货膨胀，当年的美元要比现在的美元购买力强很多），且仅1966年一年就拨款12亿美元。后来“土星5号”因耗资巨大停产了，但也不排除未来有重大航天意义和运载需求时，有重新启动、再次开发它的可能性。

目前还需静待能突破天花板的新星诞生。

9.1.3 中国的骄傲——长征系列

本节的最后，让我们来谈一谈中国在火箭事业上的一些成就。

长征系列火箭是中国自主研制、拥有自主知识产权的。这一点很了不起。虽然知识共享、开放沟通能够让人类科学发展的效率最大化，但是人类社会没有这么简单，必须考虑政治的因素。从今天美国对中国诸多的高科技限制可见，拥有自主知识产权对自身科技、经济的发展何等重要。拥有自主知识产权甚至对国防安全也是至关重要的，如中国极力打造的北斗卫星系统，就能够保证定位技术不受别的国家制约。尖端科技对于一个国家来说，从来都是绝密，不会轻易与别的国家分享的。因此，研制拥有自主知识产权的火箭是非常重要的。

长征系列火箭最大的特点是型号繁多。它起步于20世纪60年代，至今已经拥有退役、现役共计4代17种型号。这些不同的型号分别适用于低、中、高不同地球轨道，不同类型卫星及载人飞船的发射需求。

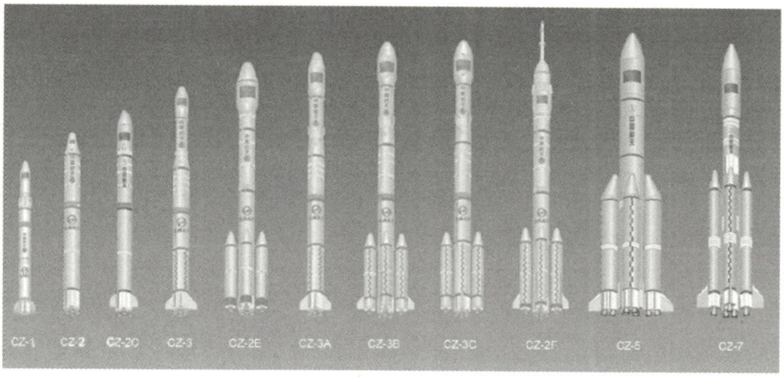

图9-2　长征系列火箭（部分）

虽然与“土星5号”相比起来，长征系列火箭的运载能力有所逊色（通常不及20吨），但长征系列火箭也承担了中国载人航天工程、探月工程、北斗卫星导航系统工程等重要任务，而且发射成功率非常高。1970年至1996年间，中国共发射长征系列火箭43枚，成功率83.72%；1997年至2008年间，共发射长征系列火箭72枚，成功率100%；2009年至今，发射量不少于215枚，成功率不低于95.35%。

相信未来长征系列火箭会取得更多喜人的成绩。

9.2 造访邻近的星球

我们聊的第二个话题是探测器。

当火箭把我们带进太空之后，由近及远，我们自然要对所处的太阳系好好探索一番。除了阿波罗登月计划已经成功实现之外，人类要想踏足其他的星球，还面临着许许多多的技术难关。最主要的问题是难以有足够的能量供登陆后安全返回。以目前的科技水平而言，为时尚早。

卡尔达舍夫等级是一种根据能够使用的能量水平来划分文明程度的方法。其中1型文明能够使用所在行星的所有能量；2型文明能够使用所在恒星系的所有能量；3型文明能够使用所在星系的所有能量。对人类来说，分别对应着能够使用地球、太阳系、银河系的所有能量。

按照这个标准，我们目前连1型文明的水平都没有达到。根据估算，人类目前大概处于0.7型的文明水平。但1型文明水平是有希望达到的。如果以后我们可以实现可控核聚变（关键是可控），那么就可以说达到1型文明的水平了。只要这个能量使用水平上去了，相信人类登陆太阳系的其他行星，就不是什么难事了。

但是，在此之前，要深入了解其他行星的状况，就需要派出我们的先行者——探测器。

9.2.1 中国的登月计划——嫦娥计划

先说离我们最近的月球。

自古以来，月亮的形影相随带给诗人们无限的遐想。在古老的中华文明中，也孕育着天宫、嫦娥、玉兔的神话。直至1969年，美国宇航员阿姆斯特朗（N. Armstrong）登陆月球，实地揭开了月球的神秘面纱，树立了人类历史上的一个里程碑。

虽然登月的先机被占据了，但是我国实施登月计划，仍然有重要的意义。首先，月球探测将是我国深空探测（对地球以外的天体开展空间探测）零的突破，它也是我国太空探测技术的一个里程碑。掌握月球的探测技术，是未来探测其他星球的一个技术基础。在如今的政治格局下，掌握核心的航天技术拥有重大的科学意义和国防意义。此外，月球资源的探测依然是当今航天科学的前沿。对月球资源的分析，如元素分布、土壤成分等，会为日后月球资源的利用指明方向、打下基础。

基于这些指导思想，我国启动了月球探测工程——嫦娥计划。整个计划构想非常宏大和完整，依次包括无人探测、载人登月、建立月球基地三个部分。整个项目目前还主要处于无人探测阶段，而无人探测阶段又可分为绕、落、回三个部分，分别为绕月观测、探测器登陆月球观测、从月球采集样本返回地球。

2007年，“长征三号甲”火箭发射升空，将“嫦娥一号”卫星送入预定轨道，奏响探测计划的序曲。“嫦娥一号”此行主要有4个目的：①绘制全月面三维立体地图（通过相机与激光高度计的结合）；②探测月球的元素含量、分布（通过γ射线和X射线）；③探测月球土壤的特性（通过微波辐射）；④探测地球与月球间的太空环境（通过高能粒子探测器和太阳风探测器）。

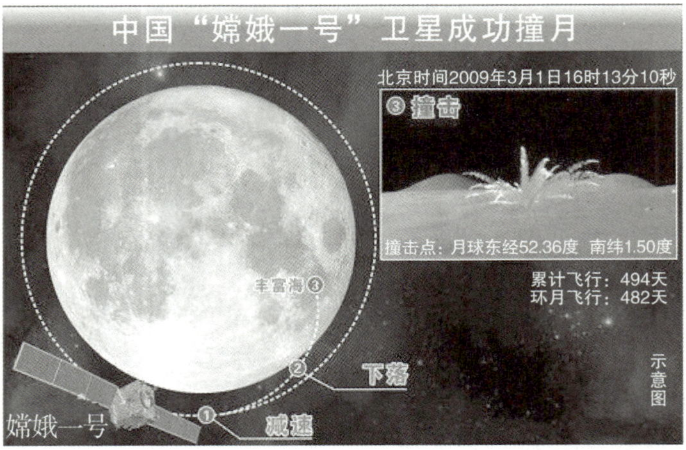

图9-3 “嫦娥一号”撞月示意图

客观地说，“嫦娥一号”主要做的是对以往探测成果的改进工作，通过采用一些以往没有采用的器械，来得到一些新的信息。有一定的创新，但是没有让人眼前一亮的感觉。不过整个嫦娥计划的初次探测尝试，保守一些也显得稳健。

在达成上述目标之后，“嫦娥一号”于2009年3月1日撞向月球中预定地点，结束了自己的使命。随后于2010年，“长征三号丙”火箭发射升空，将“嫦娥二号”送入预定轨道，继续进行观测任务，并获取了更为清晰的图像资料。

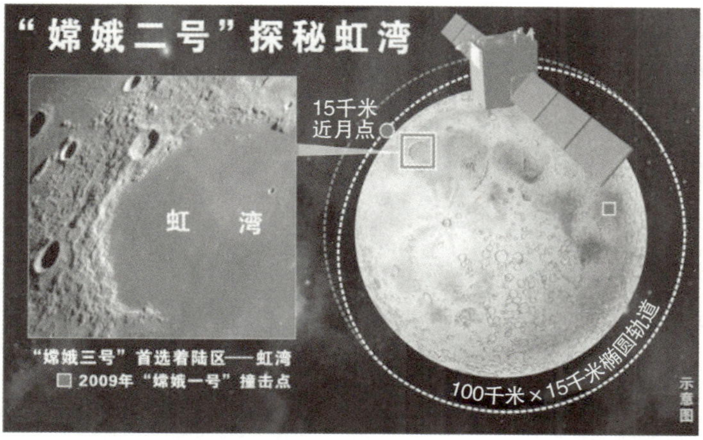

图9-4 “嫦娥二号”巡月示意图

在这些绕月观测任务完成之后，2013年，“嫦娥三号”升空，并让携带的巡视勘察器成功登陆月球。“嫦娥三号”的主要任务就是让登陆的巡视勘察器利用相机、雷达、望远镜等设备来近距离观测月球，以及从月球上观测宇宙。为确保项目成功，还特地准备了“嫦娥四号”作为“嫦娥三号”的备份星。

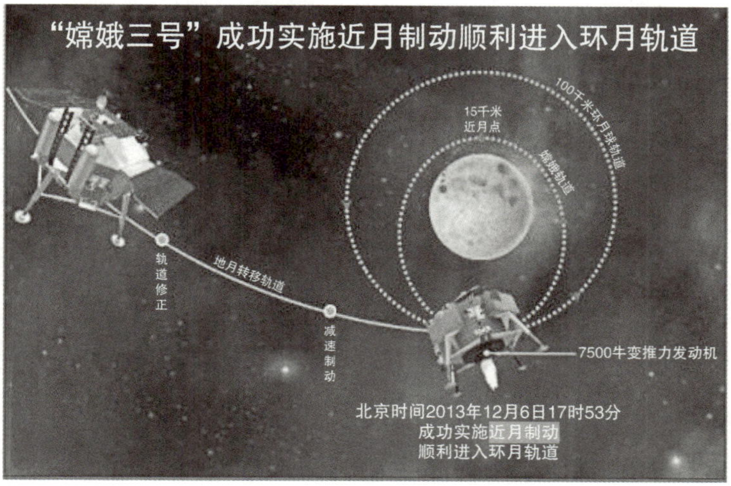

图9-5 “嫦娥三号”近月制动的概述图

至此，无人探测阶段还剩最后一步——从月球采集样本带回地球。这项任务由“嫦娥五号”负责。这项任务的意义明显比之前的探测任务重要得多，一是它能拿到月球的一些实物样本；二是带回地球意味着整个过程都得准备更多的能量，对控制的技术要求更高。原本“嫦娥五号”计划于2019年年底发射，但因故有所推迟。直到2020年11月24日，“长征五号遥五”运载火箭在文昌航天发射场成功发射，并把“嫦娥五号”探测器送入了预定轨道，开启了我国首次地外天体采样、返回之旅。

图9-6　“嫦娥五号”的上升器在月面起飞

这次采样把约2千克的月球物质带回地球。它们与之前美国、苏联所采回的样本相比，有着不同的地质背景、形成于不同的历史时期。因此，“嫦娥五号”此行对于更完整地认识月球的形成和发展过程有着非常重要的意义。

至此，嫦娥计划的无人探测部分已圆满完成，下一步将是载人登月部分，敬请期待。

9.2.2 火星的不解之缘

要说太阳系中最受人关注的地外行星，莫过于火星了。

人们曾经一度认为火星可能存在生命，科幻作品中也不乏火星人的题材。这份强烈的好奇心，促动着不少火星探测器的发射，如“勇气号”“机遇号”“凤凰号”等。

随着探测活动的开展，火星的神秘面纱被逐步揭开。如今，人们基本认为火星上没有生命迹象，转而探讨火星上是否存在适宜孕育生命的环境。

但火星地表气候恶劣，即使是探测器，也受到了非常严峻的考验。历史上有不少探测器因此失联。但在这些探测器的奉献下，人们得到了很多珍贵的影像资料，探索的重心也逐渐由地表转入地下。如2018年美国发射的“洞察号”便带着钻头，以研究火星内部的热状态以及火星的地震情况。

图9-7 “洞察号”

之前火星的探测主要由美国发起，而中国在火星探测方面才刚刚起步。2016年中国火星探测项目正式立项，并在2020年定名为天问系列。可喜的是，在2020年7月，“长征五号遥四”运载火箭搭载“天问一号”顺利升空，正式开始了中国探索火星之旅。

“天问一号”此行将一并完成“环绕”“着陆”“巡视”火星三大任务。其中“环绕”通过轨道飞行器来完成，并至少环绕观测1年；而“着陆”“巡视”依靠着陆巡视组合体（包括着陆架和火星车）来完成，这部分技术比在探索月球时使用嫦娥着陆器和“玉兔号”月球车要更为先进，以应对火星复杂的大气环境。

2021年2月，“天问一号”进入火星环绕轨道。经过3个月的绕行之后，2021年5月，“天问一号”着陆器搭载“祝融号”火星车在火星北半球的乌托邦平原成功降落，展开了对火星的实地考察。

图9-8　“祝融号”火星车（左）与“天问一号”着陆器（右）

“天问一号”要完成的5个科学任务分别是：①探测火星形貌与地质构造特征；②探测火星表面土壤特征与水冰分布；③探测火星表面物质组成；④探测火星大气电离层及表面气候与环境特征；⑤探测火星物理场与内部结构。让我们期待“天问一号”未来带来的好消息。

9.2.3 探访炽热的太阳

除了我们邻近的行星外，人们自然也对太阳系中唯一的恒星充满了浓厚的兴趣。它的能量如此巨大，影响着整个太阳系的演化。

人类目前已掌握了太阳的很多信息，比如它的大小（直径约1.392×10^{9}米）、质量（约2×10^{30}千克）、种类（黄矮星）、寿命（约100亿年，目前约45.7亿岁）等等。同时，人类也在密切关注太阳活动，如太阳黑子、耀斑、太阳风等对地球的影响。但因为太阳的温度很高、辐射很强，要想近距离对太阳进行探测，存在很多技术难题。

2018年，美国国家航空航天局发射了帕克太阳探测器。它拥有12厘米厚的碳复合外衣，可以抵御1400摄氏度的炽热和辐射。这是历史上第一枚穿越日冕的探测器，它创下了距离太阳表面的新纪录（约2400万千米）。这一纪录在2020年又刷新到约1867万千米，而且在未来的绕日飞行计划中，预计能达到约600万千米的距离。

图9–9　帕克太阳探测器

帕克太阳探测器会对太阳表面附近的等离子体、电磁场、高能粒子等进行探测。在如此近的距离下，有望带给人们一些新的科学成果，让我们进一步了解太阳的情况。

9.3 太空的观测者

本章我们最后谈的一个话题是太空望远镜。

火箭可以帮助我们进入太空，探测器可以帮助我们考察邻近的星球，但对于更远处的深空，目前我们主要的了解手段就是望远镜了。

即使以后我们发展出更先进的航天技术，但根据相对论，物体运动的速度是有上限的（由于质能关系，速度越接近光速，加速所需的能量越大，并将无法超越光速），这就注定了太空中很多地方我们其实是无法踏足的。

因此，对于深空观测，望远镜技术是至关重要的。

地面上的光学望远镜会受到大气层的影响，其角分辨率很难达到仪器理论上衍射极限所允许的程度。因此，目前地面上主流的天文望远镜为射电望远镜，它们主要工作于无线电波、微波波段，也取得过如脉冲星、类星体、宇宙微波背景辐射、星际有机分子等重大观测成果。

而对于可见光波段的观测，为了排除大气层的影响，我们就必须派出太空的观测者——空间望远镜（也叫太空望远镜）了。

9.3.1 太空望远镜的先驱——哈勃空间望远镜

2019年5月，哈勃空间望远镜的科学研究组公布了一张迄今为止最完整、最全面的宇宙图谱——哈勃遗产场。这张宇宙照片由哈勃空间望远镜16年间所拍摄的约7500张星空照片拼接而成，包含约265 000个星系，非常广阔，令人震撼。

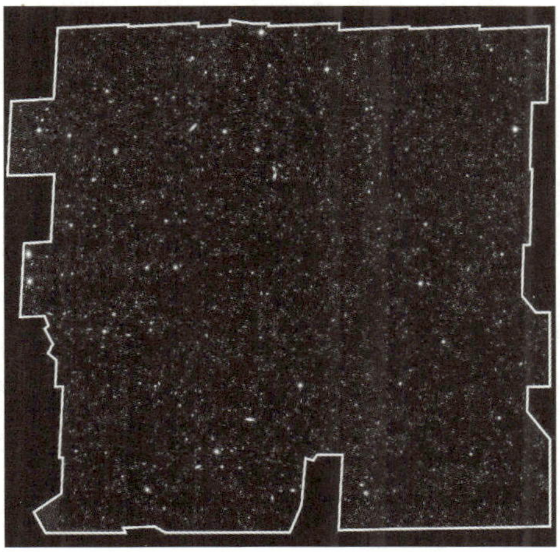

图9-10 哈勃遗产场

图9-11 哈勃遗产场局部截图

哈勃空间望远镜采用的是反射式望远镜的结构，镜片的口径为2.4米（其理论上的角分辨率接近0.1角秒，这里的“角秒”是角度单位，1度=60角分，1角分=60角秒）。要对这么大尺寸的镜片进行抛光可不是一件容易的事情，因为作为望远镜，它要求的工艺精度是很高的。另外，哈勃空间望远镜在距离地表约640千米的轨道上工作，它需要抵御在阳光与地球的阴影之间频繁进出所造成的温度变化，还要非常稳定且精确地对准、追踪目标，这些对电子器件系统、保护屏蔽材料来说，都是不小的挑战。

为了更好地获取宇宙深空的观测资料，哈勃空间望远镜还携带了很多精密的仪器，如广域照相机、行星照相机、戈达德高解析摄谱仪（在紫外线波段工作）、高速光度计、暗天体照相机、暗天体摄谱仪等。

整个工程前后耗资几十亿美元，不过对于人类来说，也是非常值得的。因为哈勃空间望远镜给人类带来了非常多的成果，极度扩大了人类的见识。哈勃空间望远镜的主要工作可列举如下：

（1）进一步了解宇宙的大小和年龄；

（2）证明了一些星系的中央存在超高质量的黑洞；

（3）在可见光谱范围观察了数千个星系，帮助天文学家研究宇宙发展的历史；

（4）观察到了银河系中的类星体（类似恒星的高光度天体）；

（5）更好地了解了恒星的形成过程；

（6）对宇宙诞生早期恒星形成过程中重元素的组成（它们是行星和生命存在所必需的）进行了研究；

（7）研究了死亡恒星周围气体壳的组成；

（8）对猎户星云中的年轻恒星周围的许多尘埃碟进行了探测，研究银河系是否还有可能形成其他的行星系统；

（9）对彗星与木星的碰撞过程进行了详细观测；

（10）对太阳系内其他行星的大气进行了观测。

但由于仪器长时间使用所造成的逐渐损耗，且在太空中维修困难，目前，哈勃空间望远镜的寿命已接近尾声，以后探索太空的重任将落在它的继任者身上了。

9.3.2 哈勃空间望远镜的继任者——詹姆斯·韦布空间望远镜

目前计划继承哈勃空间望远镜、继续承担深空观测重任的是詹姆斯·韦布空间望远镜。这是由美国国家航空航天局、欧洲航天局和加拿大航空航天局联合研发的红外线观测用太空望远镜。

詹姆斯·韦布空间望远镜也采用了反射式望远镜的构造，且口径达6.5米，约为哈勃空间望远镜的2.7倍。而因为采用了无镜筒技术，詹姆斯·韦布空间望远镜的质量仅约6.2吨，大约只有哈勃空间望远镜（约11吨）的一半。不仅如此，由于现代光学的发展，詹姆斯·韦布空间望远镜的性能将大大强于哈勃空间望远镜。

詹姆斯·韦布空间望远镜于2021年12月25日发射升空，静待詹姆斯·韦布空间望远镜以后给我们带来的惊喜。

9.3.3 中华之眼——“慧眼”硬X射线调制望远镜

如今，中国的航天技术正以迅猛之势快速发展。

2017年6月，“慧眼”硬X射线调制望远镜升空、开展科学观测，并于2018年1月完成在轨测试，正式投入使用。

这是中国第一台太空望远镜。它的总质量约为2.5吨，装载着探测不同能量范围的X射线望远镜及空间环境监测器，可以观测1～250 keV能量范围的X射线及0.2～3 MeV能量范围的

γ射线。“慧眼”硬X射线调制望远镜采用的是直接解调成像的方法，观测扫描之后可以实现宽波段、高灵敏度、高分辨率的空间X射线成像。这些技术，可以对黑洞、中子星等高能天体的短时标光变进行研究，具有先进的暗弱变源巡天能力、独特的多波段快速光变观测能力。

“慧眼”硬X射线调制望远镜的主要工作模式包括巡天观测、定点观测和小天区扫描模式。它主要进行以下四方面的空间观测活动：

（1）对银道面进行巡天观测，寻找新的高能变源和观测已知高能天体的变化；

（2）观测黑洞、中子星等高能天体的光变和能谱，以供科学家分析致密天体、黑洞的强引力场中的动力学过程和高能辐射过程；

（3）在硬X射线、软伽马射线能谱范围内观测伽马射线暴及其他现象爆发时的能谱和时变数据，以供科学家研究大质量恒星死亡、中子星并合等导致黑洞形成的机理和过程；

（4）探索利用X射线脉冲星进行航天器自主导航的技术。

（刘家明撰写）

10

物理医疗技术

——让疾病无处可藏

超声诊断、CT（电子计算机断层扫描）、核磁共振、放疗和激光手术等技术让医生能够有效地进行诊断和治疗，并且随着理论的发展、技术的进步，现在又有了B超机器人、彩色光谱CT、质子放疗和飞秒级的激光手术等物理医疗技术。人类追求新技术的热情从未减退，但科学研究不能只有热情。每天都有苹果从树上掉下来，但是只有牛顿发现了万有引力。不是他比别人更幸运，科学的进步从来不是靠运气。那些伟大的科学家之所以具有有别于常人的敏锐洞察力，是因为他们具备扎实的理论知识、刻苦的钻研精神和大胆的创新意识。所以，在感叹这些先进的物理医疗技术的同时，请探寻这些技术背后的原理、应用和未来的发展方向吧！也许在将来，科技进步创造的医学奇迹也有你们的一份贡献。

10.1　医生的“火眼金睛”——B超

医学诊断经历了从“叩诊法”到听诊器听诊再到B超的发展演变。B超是利用超声波进行身体检查和疾病诊断的无创医学诊断技术，可谓医生的“火眼金睛”。

10.1.1　你知道B超，可你知道“隔空做B超”吗？

你知道“隔空做B超”吗？医生利用5G网络和仿真探头，控制网络那端的机械臂进行完全一致的操作，最终无延时、精准化地完成了远在千里之外的患者的B超检查。

很神奇吧！但这只是起点。为了了解这一切是如何实现以及未来是否有终点，还是先来了解一下声波吧！

10.1.2 关于声波

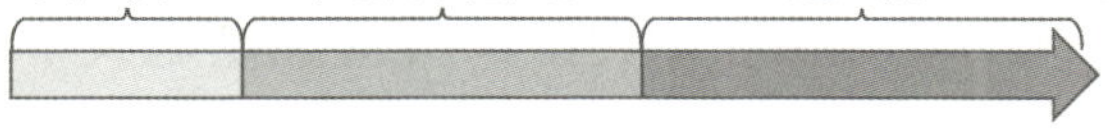

图10-1 声波按频率分为次声波、可闻声波、超声波

1）声波的产生

发声体的振动在介质中传播产生声波。因此，声波在真空中不能传播。频率范围在20 Hz到20 kHz的声波可以被人们听到，而低于20 Hz和高于20 kHz的声波分别被称为次声波和超声波，它们不能被人们听到。那么，次声波和超声波又是怎么被发现的呢？

2）诡异的次声波

历史上曾发生两起令人感到恐怖的凶案。

凶案1：1890年，“马可波罗号”帆船在行驶途中突然神秘失踪。20年后船被发现时，船上的全部船员已离奇死亡。

凶案2：1948年，一艘货船在通过马六甲海峡时，一场风暴过后，船上的人员几乎在同一时间离奇死亡，他们没有中毒、身上也没有伤痕。

凶手：次声波（由风暴与海浪摩擦产生）。

大揭秘：由于这两起离奇的案件，人们通过研究发现了次声波。因为某些次声波的频率和人体器官的振动频率相近，一定强度和特定频率的次声波易引起人体器官产生共振，从而使得心脏等内脏剧烈抖动，并导致人血管破裂而死亡。次声波频率低、波长长，能绕过大型障碍物，正所谓杀人于无形之中。

次声波是有害的声波，但是利用次声波，人们发明了“水母耳”，用来预测风暴的到来。“水母耳”能监测风暴和海浪摩擦产生的次声波，由于次声波的传播速度远大于风暴的移动速度，它可以提前预测风暴的到来。此外，人类还用监测次声波的方式预测火山爆发、雷暴、沙尘暴、龙卷风等自然灾害。

3）超声波是如何被发现的?

1793年，意大利科学家拉扎罗·斯帕拉捷（Lazzaro Spallanzani）看到蝙蝠在黑夜中能够飞行自如，他感到很奇怪。于是他分别把蝙蝠的眼睛蒙上和鼻子堵上，却发现蝙蝠仍然能自由飞行，直到他把蝙蝠的耳朵堵上，蝙蝠才无法辨别方向，开始胡乱冲撞。因此，他判断蝙蝠是利用听觉飞行的。后来，经过研究，人们发现了超声波的存在。

10.1.3 为何B超要用超声波?

B超之所以采用超声波，是由于超声波的特点和超声波在人体中传播及反射的特点。

1）超声波的特点

超声波束在同一介质中传播时无反射，同时超声波频率高、波长短，因而超声波方向性好、强度大、贯穿能力强。

2）超声波在人体中传播的特点

不同的人体组织对超声波的反射不同，有四种类型：①无反射型，如血液；②少反射型，如正常心肌；③多反射型，如瓣膜、心内肌；④全反射型，如心肺组织界面。

此外，人体组织在正常与异常时的物理性质及结构不同，也形成相应的界面。这些界面会对超声波产生规律的反射回波。临床医学正是根据超声波在人体中的回波进行诊断的，回波的强度反映了界面的性质，回波的时间反映了界面的位置。

3）超声医学诊断的基本原理

图10-2中（1）、（2）、（3）是超声波传播性质不同的部位，由此形成界面1和界面2，因此发射出去的超声波就会产生两次反射波信号，根据反射信号的时间可以确定界面的深度，而根据反射信号的强度可以测定界面的性质（如正常心肌属于少反射型，反射信号弱）。

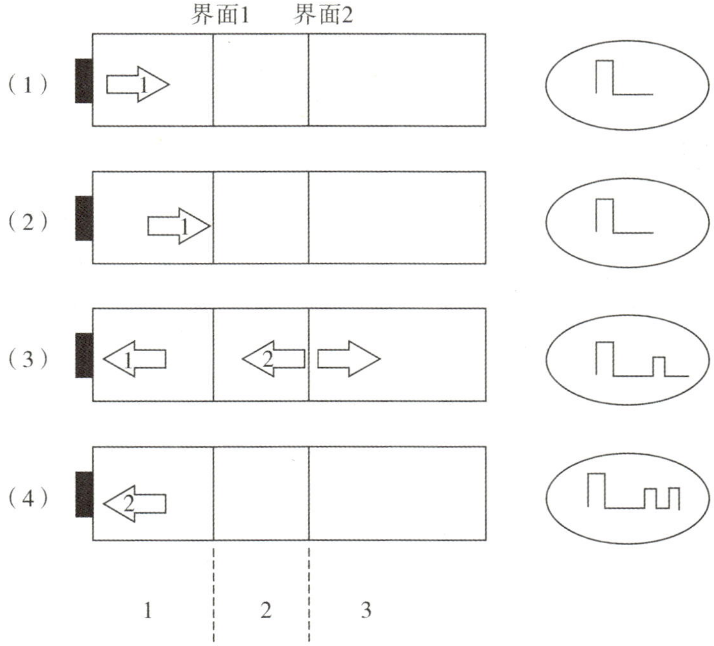

图10-2　超声波脉冲回波示意图

10.1.4 超声诊断仪器是什么样的?

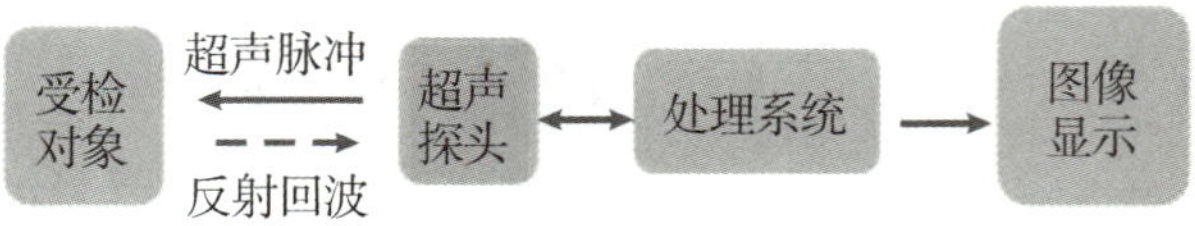

a.超声诊断仪器的结构

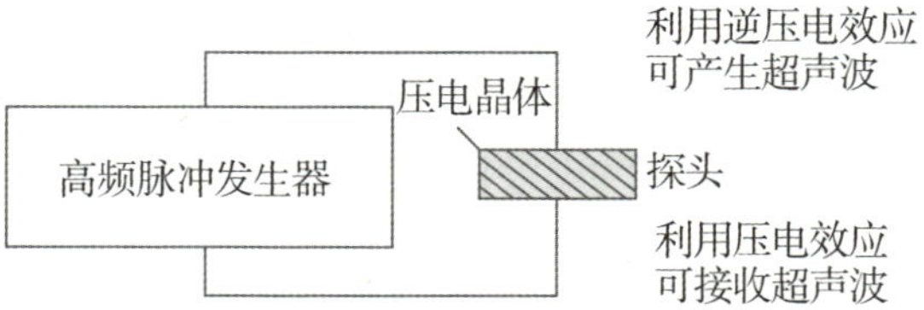

b.超声波发生器示意图（探头的结构）

图10-3　超声诊断仪器的结构及工作原理

如图10-3所示，超声诊断仪器的探头通过压电晶体把高频电信号转变成超声波发射出去，超声波在人体组织中反射，探头接收回波后又通过压电晶体把反射回来的超声波转变为电信号送入计算机处理系统，最后由处理系统将信号整理成图像显示在荧光屏上。医学诊断主要是用1 MHz到15 MHz频率的超声波。不同频率的超声波在同一介质中的衰减程度不同，高频的超声波衰减大，低频的超声波衰减小。因此，低频超声波用于诊断深部组织，而高频超声波用于诊断浅表组织。为了防止超声波对人体造成伤害，超声波的强度要控制在一定范围。

10.1.5 超声波在医学中的应用

按图像信息显示的成像方法，超声诊断类型有：①A型超声诊断法，简称A超；②B型超声诊断法，简称B超；③M型超声诊断法，简称M超；④D型超声诊断法，简称D超。

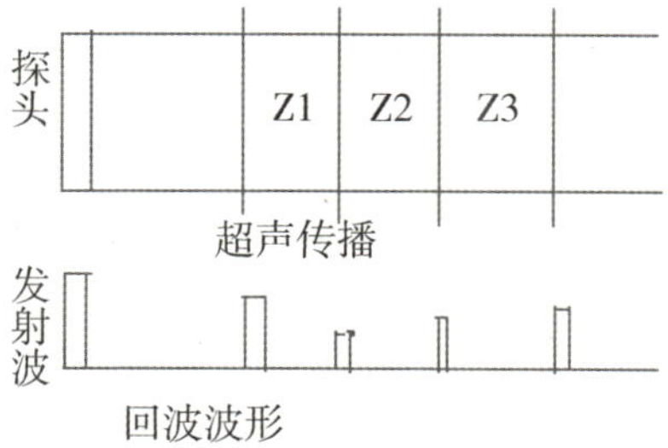

图10-4 A型超声设备的工作原理

A型超声设备是最早的超声诊断设备，它的探头里只有一个压电晶体，其工作原理如图10-4所示。而B型超声设备在A型超声设备的基础上将探头的压电晶体从一个增加到了数个，这样就能探测人体组织的一个面。打一个形象的比方，A型超声设备是一个排雷兵沿着一条直线排雷，而B型超声设备是一排排雷兵一起排雷，所以它们能扫描一个面。虽然在原理上B型超声设备并不比A型超声设备复杂多少，但是在实现上还需要解决很多问题，如探头里面晶体和晶体之间的声波绝缘问题，多路信号的传输、处理和显示问题。

1）不得不说的多普勒效应

当声源与接收器之间出现相对运动时，声波的频率发生变化的现象叫多普勒效应。运动的人体组织与探头之间的相对运动产生了超声波的频率变化，即多普勒效应，D超就是利用了多普勒效应。

2）除了诊断，超声波还可以治病哦!

利用超声波强度大、贯穿能力强的特性，超声波还可以用于治疗。超声波可以把药物击碎成微粒和空气混合形成“药雾”，由病人吸入，从而治疗肺部和气管类疾病。此外，超声波还能够治疗神经痛等疾病，这是利用超声波对肌体细胞产生振荡和刺激来起到按摩的作用。另外，超声波还可以击碎肾结石，使其顺利排出体外。

3）中国医学超声的摇篮

被誉为“中国医学超声的摇篮”的汕头市超声仪器研究所有限公司（SIUI）在20世纪60年代研制出了中国第一台能够批量生产的超声仪器。在技术人员的不懈努力下，SIUI先后成功研制出世界先进的全数字B超、全数字彩超，开始全面替代进口产品，从而打破了国外企业的技术垄断。

10.1.6 超声波的其他用途

探伤：给零件和设备做体检，利用超声波的反射检测零件、设备、焊缝是否有裂缝、杂质等缺陷。

清洗：超声波清洗机小巧，使用便捷，可以清洗蔬菜水果、衣服和饰品等物件。超声波在液体中传播时，液体中会产生很多小气泡，小气泡在声波的作用下振动并炸开产生巨大的压力，从而使污渍分散到清洗液中。

水下定位、导航和通信：电磁波在水中的衰减严重，不适合水下远距离导航和通信。超声波成了水下定位、导航和通信的最佳选择。

10.1.7 超声诊断的未来之路

虽然现在有了三维彩超、四维彩超，可是超声诊断的准确率却是依赖于医生的专业素养和经验。但是高水平医生的数量有限，能否利用技术解决这个矛盾呢？随着5G技术的发展，人们又提出了“云彩超”。所谓“云彩超”是通过“云”服务平台（一种网络平台），实现从单机到多机互联，从边缘地区到中心城市的同步诊断。这将能充分利用优质医疗资源，使患者合理分流就医。

超声诊断仪的发展方向：

（1）高性能。处理系统是超声诊断仪的“大脑”，数字技术的发展将增强超声诊断的图像处理性能，提高超声诊断的准确率和应用范围，使超声诊断仪不仅满足临床疾病诊断的需求，并且能深入开展相关的医学研究；超声诊断仪的核心部件是探头，探头的技术发展也是超声诊断仪的重点研究方向，其切入点将是探头新材料和新工艺的研究。高性能的超声诊断仪将是医生的“另一只眼睛”，它的应用会更广阔。比如血管内超声，是无创性的超声技术和有创性的导管技术的结合。

（2）智能化。“超声+5G”“超声+人工智能”是目前人们正在研究的方向，相信某一天，超声诊断会像ATM机一样实现自助，甚至可能是人们足不出户也能进行超声检查。

“云彩超”是实现“超声+5G”的平台。像本节开头介绍的“隔空做B超”那样，通过网络和仿真探头及机械臂进行远程超声诊疗，能够平衡医疗水平、充分利用医疗资源，但是超声诊断数据通常都很大，而传统的网络根本不能实时传输这样巨大的数据。5G网络高数据速率、低时延、高系统容量的特点正好为超声远程实时诊断提供了网络支撑。

“超声+人工智能”将更令人期待。随着人工智能的发展，一个会自我学习的超声机器人将成为现实。利用深度学习算法，超声机器人通过对已有病例的不断“学习”来提高自己的诊断水平。超声机器人的出现将会使得超声检查不再烦琐。

将来再也不会出现医生忙到没时间上厕所，而病人却因为等待过久抱怨连连的情景。此外，超声机器人还可以部署在云端，这很适合偏远地区医院分散的情形。

（3）小型化。图10-5是一款掌上超声检查仪，它是否颠覆了你对B超机的认识？小型化超声仪改变了传统的“主机+探头”的模式，把主机缩小到一个手机那么大，一个“探头”就是一台B超机。超声图像可以通过无线网络传输到手机或电脑上。掌上B超将会成为医生口袋里的下一个听诊器。而超声设备的小型化依赖于电子技术的进步，即电子元器件工艺的小型化和芯片的高集成度。

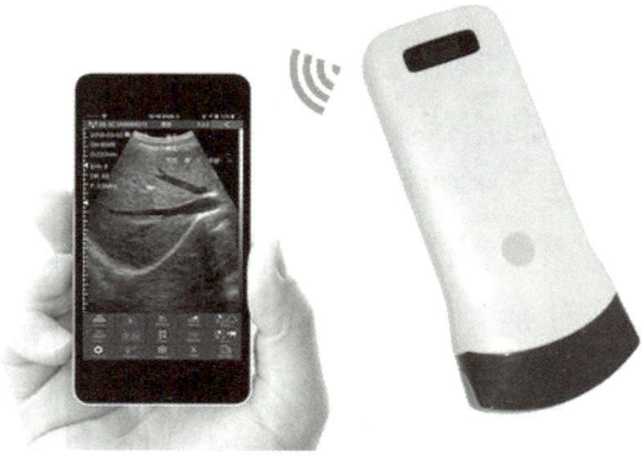

图10-5　掌上超声检查仪

10.2　让人爱恨交加的X射线

10.2.1　其实我也是电磁波

X射线是1895年德国物理学家伦琴在研究阴极射线的过程中发现的。之所以称它是X射线，是因为发现它时人们对它未知，即X。一提到X射线，大家往往只想到它有辐射，但忘记了它也是一种电磁波。如图10–6所示，X射线是波长介于0.001nm到10nm的电磁波，因此X射线具有波粒二象性，它的波长越短，穿透力越强。

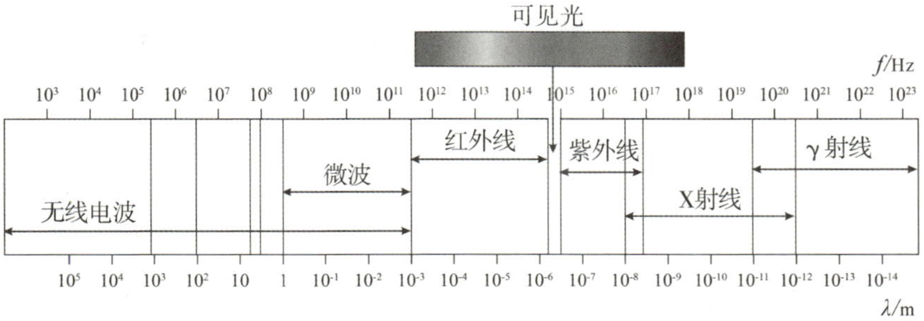

图10–6　电磁波谱

波动性：用晶体作衍射光栅观察到了X射线的衍射现象。

粒子性：以光子的形式辐射和吸收时有一定的质量和能量，在与物质相互作用时会交换能量，如会产生光电效应（注：光生电，光子把能量传递给金属中的电子，使其挣脱正电荷的束缚跑出来）和荧光辐射（注：光把能量传递给物质后，物质经过自身转化，再发出新的光）等。

1）X射线的产生

当高速电子遇到阳极物质的原子核使运动突然受阻，受阻损失的动能一部分转化为热能、一部分以光子的形式放出形成X射线。当电子的速度不超过一定限度时，电子速度连续变化，所以会产生连续谱。当电子的速度超过某一临界值时，在产生连续谱的同时还会出现特征谱，特征谱的位置和阳极材料有关。

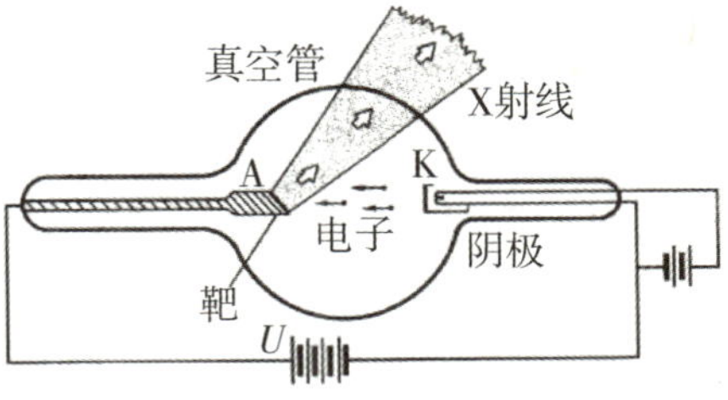

图10–7　X射线管结构

2）常见射线类型

除了X射线，我们常听到的射线还有α、β和γ射线。它们的能量高到能使分子离子化，对生物组织有很强的破坏力，因此人们也称它们为“离子射线”。它们的区别如下：

（1）X射线和γ射线都是电磁波（光子）。X射线是由原子中的内层电子发射的，γ射线则是由原子核衰变产生的，所以X射线的能量稍低于γ射线，穿透力也稍弱一些，但X射线和γ射线都能穿透大多数物体。

（2）α射线和β射线是实物粒子，不是电磁波。α射线能被一张纸、几厘米的空气或人体的表皮吸收或阻挡掉，β射线能穿过纸张，但不能穿过薄金属片和玻璃。

10.2.2 当心辐射

如果你去搜索，会发现生活中人们无意或有意遭受辐射的新闻比比皆是。因此，我们有必要了解一些辐射防护知识。先记住下图，它是放射性物质的标志，请远离它。

图10-8 放射性物质标志

放射性是指一种元素从不稳定的原子核自发地放出射线，直到衰变到形成稳定的元素才停止放射的现象。一定剂量放射性的照射会损伤人体和动物，甚至导致其死亡。放射性照射还会引起基因突变和染色体畸变。

谨防医疗检查中的辐射伤害：要根据医生的意见选择检查方式，能用B超检查的就不用X射线检查，能用X射线检查的就不要用CT检查，避免加大辐射剂量，医疗中的X光、CT等检查都是有剂量标准的，只要不是短时间内经常做，一般是没有问题的。

当心身边的辐射：花岗岩、香烟、古董陶瓷和古董玻璃制品中很多含有放射性元素。在新闻报道中，我们也会发现，因为工作失误而发生放射性物质丢失的事情并不罕见。所以，平时遇到不了解的物品，不要随便带回家。

10.2.3 X射线医学检查的原理

1）X射线在医学诊断中的应用主要是基于下面几个特征：

（1）穿透性，且X射线对不同密度和厚度的人体组织的穿透能力不同；

（2）激发荧光物质，使得肉眼可见（注：荧光物质因被照射而发光）；

（3）X射线会让照片底片感光。

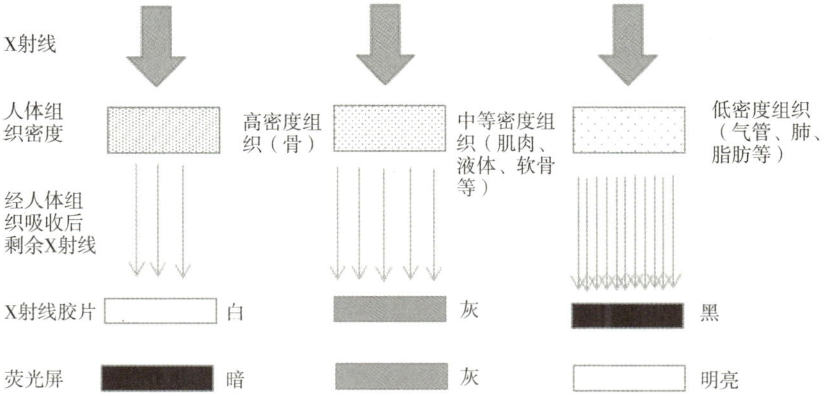

图10-9　相同厚度下不同密度组织与X射线成像关系

2）CT和X光片

CT即电子计算机断层扫描，显示的是立体信息，而普通的X光片显示的是平面图片。关于X光片和CT有个形象的比喻：X光片是把面包压扁了看，而CT是把面包切成片来看。这里我们用通俗的方式来解释CT成像的原理，如图10–10所示，要得到人头颅的一个切面图像，可以把头颅的那个切面（图中头部的灰色部分）看成一个很多小立方体组成的圆饼。由于人的组成成分不同，每个小立方体对X射线的吸收大小不同。假设每个小立方体的吸收系数是未知数，根据检测器检测到每次扫描后透过来的X射线量，由计算机建立关于吸收系数的方程组并求解方程组即可得到所有小立方体的吸收系数，最后把吸收系数转化为灰度值显示在屏幕上就是一个断层的CT图像。如果要完成整个头颅的扫描，那就要从上到下对头颅进行多次断层扫描，从而形成多张CT图像。

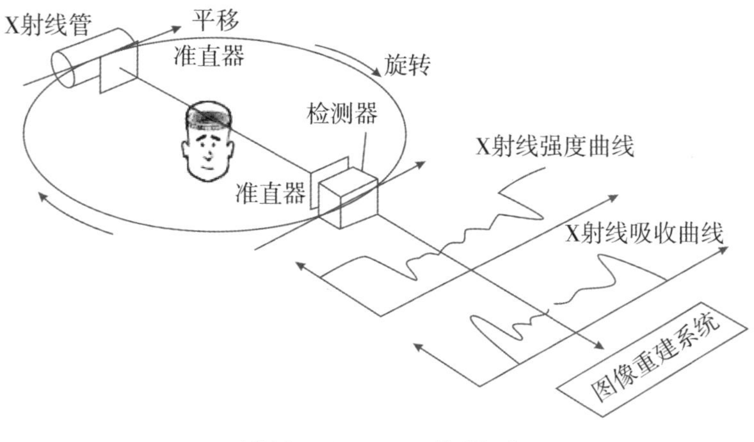

图10–10　CT工作原理

10.2.4 “幽灵成像”“超级针”和“彩色光谱CT”

“幽灵成像”“超级针”和“彩色光谱CT”这些炫酷的名字都是谁？没错，它就是X射线医学诊断的最新技术和未来。

“当心！有辐射。”这是人们一谈到X射线脑子里就自动蹦出来的一句话。可是，X射线却是医疗诊断技术中不可缺少的。所有病人和医生对于X射线医学诊断技术的最强烈企盼大概就是一句“就请你给我多一点点温柔”。所以，X射线医学诊断技术的未来发展方向之一必然是低辐射且高清晰。

1）“幽灵成像”技术

“幽灵成像”也称为“鬼成像”，就是让照相机为一个它并不能直接看见的物体成像。这是一个正在探索的全新技术，能应用到医学诊断、军事侦察和泄漏检测。“鬼成像”技术是通过关联计算来得到物体的图像，所以它的正经名称是“关联成像”。中国科学院物理研究所和上海交通大学合作研发的X射线“鬼成像”系统虽然目前还不能直接应用在医疗之中，但是X射线的剂量已经被他们降低至约为原来的百万分之一。通过关联技术，“鬼成像”技术将来可能突破现在的成像分辨率，让X射线医学诊断实现低辐射且高清晰的目标。

2）“超级针”X射线源

据新闻报道，中国电子科技集团公司第38研究所在第92届中国（上海）电子展上发布了自主研制的新一代无损检测设备——“超级针”X射线成像系统，这是全国首台“超级针”X射线成像系统。该系统拥有“火眼金睛”般的缺陷检测能力，成像分辨率小于1微米，相当于人类发丝的百分之一，可应用于集成电路、军工航天、汽车电子、医疗诊断、文物保护等多个领域。X射线源是X射线检测设备的“心脏”，它决定了X射线检测设备的检测能力。“超级针”X射线源，具有超低辐射、成像清晰、性能稳定等优点。

3）彩色光谱CT

彩色光谱CT的出现将让我们不再看不懂CT图像。图10-11是用新的3D CT扫描仪生成的一张戴着手表的人类手腕图像。最新的光谱扫描是用专门的探测器区分各个X射线频率，从而区分X射线穿过的不同人体组织。比如IQon光谱CT以“双层”立体探测器为核心技术，探测器通过分层接收高能、低能X射线使得一次扫描能获得比常规CT多5倍的信息量，这将让诊断变得更高效和精准。这一新技术源于下面的思考：

（1）传统CT：采用的是混合能量的X射线光子，它仅能对物质受射线衰减值进行成像，当两种物质的衰减相近时，传统CT成像无法将它们区分开。

（2）能谱分离探测器的探求：将CT成像的混合能量光子分开，形成不同能量下的扫描数据。

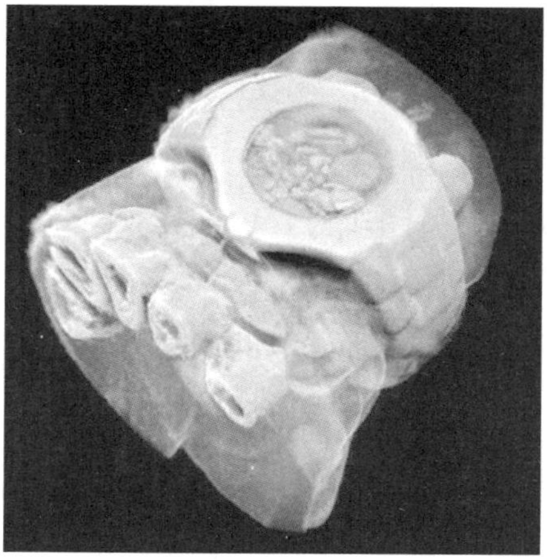

图10-11　3D CT成像

4）X射线诊断机器人

据报道，广州市妇女儿童医疗中心开发了一个能快速诊断眼病和肺炎的人工智能系统。该系统基于深度学习技术，能不停地学习X射线病例图像数据，使得疾病诊断变得快和准。随着人工智能和医疗技术研究的深入，以后一个医疗人工智能系统将不仅仅是针对一两种疾病，而是能实现病种广覆盖。

10.2.5 “穿墙术”——放疗

治疗恶性肿瘤的三大手段有外科手术、化疗和放疗。传统的放疗是利用放射线（如X射线或γ射线）杀死癌细胞，传统放疗也称为光子放疗。放疗是利用射线的电离效应，破坏生物的分子。

传统放疗的弊端：传统放疗是让射线（光子）穿透人体来杀死癌细胞，因此放射线在破坏肿瘤细胞的同时，也会对周围的正常组织细胞造成不同程度的破坏。

新型放疗：粒子放疗不同于光子放疗，主要有质子放疗（氢照射）和重离子放疗（碳12照射）。其中，质子放疗是将高能质子束射入人体内部，在质子束到达癌细胞所在部位后，突然停止并释放出最大能量，从而将癌细胞杀死。传统的光子放疗好像是在人体内放了一串鞭炮，而质子放疗则是“定点爆破”，质子放疗在杀死癌细胞的同时最大限度地减少对正常组织的伤害。此外，传统放疗是一个缓慢的过程，有时需要数周的时间才能杀死癌细胞，而质子放疗技术可以在“毫秒”内杀死癌细胞。

10.2.6　X射线的其他用途

探伤：用X射线给设备和零件做体检，利用X射线的穿透性检查设备的内部缺陷情况。

肉眼“看”晶体结构：自然界中的固态物质有晶体和非晶体，晶体的原子、离子、分子排列有规则，而非晶体的原子、离子、分子则是无规则地堆在一起。晶体结构决定了物质的特性，大家最熟悉的当属石墨和钻石了，它们都是由碳构成的，但是由于它们的内部结构不同，它们的性质也截然不同。通过X射线的衍射现象可以研究晶体的结构，也正是利用X射线，科学家发现了DNA的双螺旋结构。

未来X射线或可用于深空通信，美国国家航空航天局称，国际空间站将试验一种新型X射线通信用于深空。从第8章我们知道，通信中的载波频率越高，则信号带宽越大。理论上，X射线通信比无线电通信的传输容量更大。

10.3　未来的思维阅读器——核磁共振

电影《偷听女人心》里的尼克在浴室洗澡时不小心触电了，这次事故让他有了一项特异功能——读心术，他因此能轻而易举地知道身边女人的想法。

当然，上面的场景只出现在电影中。可是最新研究发现，也许“读心术”将来真的会实现。早在1990年，日裔美籍科学家小川诚二发现，大脑活跃区域的核磁共振信号远高于思维不活跃的区域。如果对人体进行不同的感官刺激，就可以利用核磁共振信号来观察大脑和思维的关系。随着这类研究的进展，核磁共振成像仪（MRI）不仅能观察身体结构，未来还可能成为人类的思维阅读器，这也会让“核磁共振”这个冰冷的名字有温度。那么，什么是核磁共振呢？

10.3.1 “摇一摇”来检查——核磁共振

1）请别误会我

我的那个“核”不是你以为的那个“核”。核磁共振是对人体没有伤害的安全检查。核磁共振里面虽然有“核”，但它并不使用放射性同位素，不会产生电离辐射，这里的“核”指的是氢原子核。什么？你还是不放心？好吧！再通俗一点，这里的核就是水分子里的氢原子核。为了消除人们的误会，现在都称核磁共振为磁共振。

2）自旋　核磁　共振

我们知道原子核按一定频率绕着自身的轴自转——自旋，原子核自旋产生的磁场即核磁。人体的70%是水，并且氢质子的磁化率很高，所以选取氢用于人体的核磁共振成像。核磁共振的原理如下：

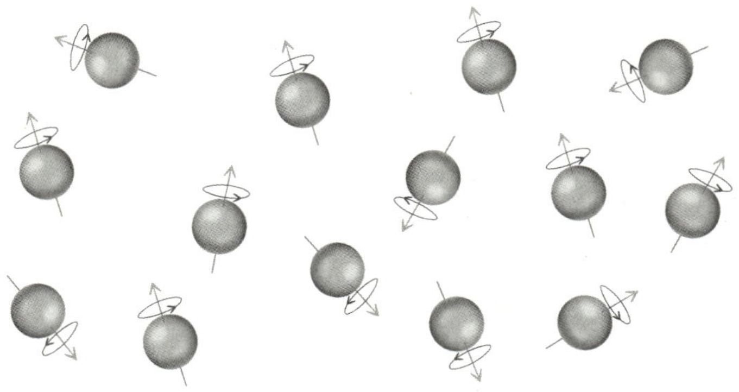

a.无外加磁场时的氢原子核

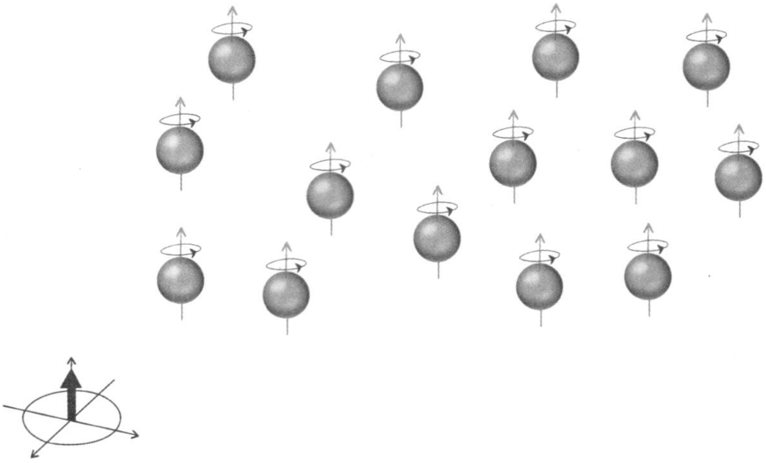

b.外加一个强磁场后

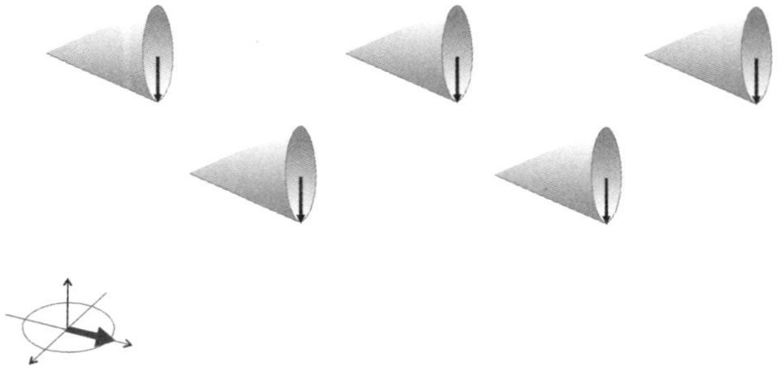

c.再加入一个横向磁场

图10-12　进入磁场前后，人体组织的质子核磁状态变化

（1）正常情况下，每个质子的磁场是随机分布的，如图10-12a所示，所以人体并不表现出磁性。

（2）如果把人放在一个大的强磁场中，则这些质子会如图10-12b中那样一方面自旋，另一方面还以磁场方向为轴进行飞速转动（进动），即拉莫尔进动。

（3）若此时再加入一个射频脉冲，建立起一个新的横向磁场，则原子核就会移到同一个相位，并向$x-y$平面倾斜，如图10-12c所示，这就是原子核与外加电磁场发生共振，从低能状态跳到高能状态。

（4）当去掉外加横向磁场后，原子核回到原来的低能状态，就会把一部分能量发射出去。检测设备接收到这些信号并通过计算机处理后，可以重建出物质内部精确的三维立体结构和运动情况。这就像是“透视眼”，能从外面直接看到物体的内部结构和变化情况。

简单地说，核磁共振就相当于用磁场把人体的原子核“摇一摇”，让水分子振动起来，然后停下，来观察人体组织结构。核磁共振成像设备的结构如图10-13所示，图中最中心那个被线圈“捆住”的就是人体。

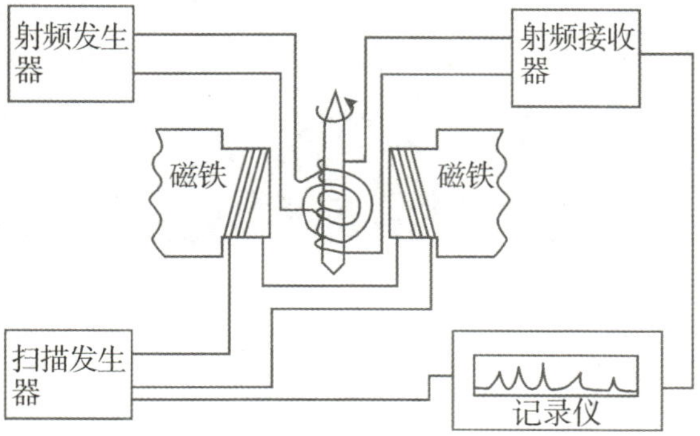

图10-13　核磁共振成像设备结构

3）趣味问答

地球也是一个大磁场，人处于地球之中，是不是意味着人体里的氢原子核都会顺着一个方向排列呢？答案是不会。因为地球表面的磁场太弱了，只有0.29～0.40高斯，而一个普通小磁铁的磁场强度是几百到几千高斯。

10.3.2 未来真的可以“读心”吗？

在7特斯拉磁体强度的大型机器中，可分辨0.5毫米的组织，这足以辨别人类大脑皮层内部的功能单元。图10-14是澳大利亚昆士兰大学的一台7特斯拉磁共振成像扫描仪产生的人类大脑血管图片。一些研究团队开始测量人们在进行口头表达和行为测试时的活动，用来揭示不同的活动如何改变大脑皮层的不同区域。

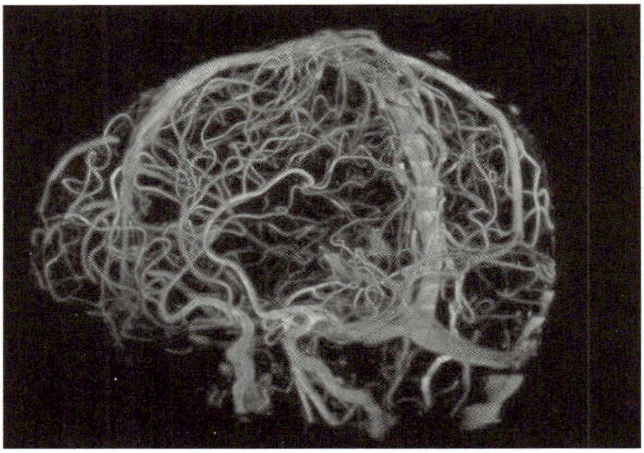

图10-14 一台7特斯拉磁共振成像扫描仪产生的大脑血管图片

在实现“思维阅读”这个疯狂设想之前，还是了解一些更实际的发现吧！2019年，以色列希伯来大学的研究团队利用磁共振记录脑组织中的生物组成变化，它能显示脑组织的分子信息，让医生可以不通过脑组织活检等侵入性检查而区分健康和患病的脑组织。这些研究将有助于大脑衰老、阿尔茨海默病和帕金森病的早期诊断和治疗。

1）更实际的近期目标

更快、更高清、更精准。

磁共振检查中传统的信号采集是铜质线圈，它笨重、不易弯曲，导致线圈和人体不能很好地贴合，从而降低成像质量，并且使用起来也不太方便。2019年7月26日，某厂家发布了应用新材料制作的AIR线圈。这种线圈质量轻、灵活易弯曲，不仅能提高接受磁共振检查时的舒适度，也提高了成像质量。

磁共振检查的另一个缺点是检查速度慢，有时预约磁共振检查的排队时间甚至长达一两个月。人们发现，磁场越强，信号的信噪比越大，图像越清晰、扫描速度越快。但是磁场的产生需要大线圈和大电流，磁场越强意味着需要越大的设备，并且很难将磁场限制在小空间。图10-15是一台10.5特斯拉磁体强度的磁共振设备，是不是很巨大？有什么办法可以解决这个矛盾呢？突破已经有了。答案就是也许可以不用磁场。

图10-15　一台10.5特斯拉磁体强度的磁共振设备

2）以后也许不再依赖磁场

1961年，诺贝尔物理学奖的获得者、磁共振的先驱尼古拉斯·布隆伯根（Nicolaas Bloembergen）提出一个设想：仅利用电场来实现对单原子的原子核的控制。若能利用电场来控制核自旋，电场就可以在一个微小的电极尖端产生。但是，多年来，这一设想一直没有实现。直到近期，一个澳大利亚的工程师团队在一次失败的实验中意外发现了能用电场控制原子核，并将这一重大发现发表在《自然》期刊上。不得不说这是一个大突破。这个团队的莫雷洛（Morello）教授对磁场和电场控制核自旋进行了一个形象的比喻："磁共振成像就像是试图通过举起和摇动整张台球桌来移动桌上的一个特定台球。除了移动预定的球之外，也会移动其他所有的球。电共振这一突破就像拿着一根真正的台球杆，只把想要打的球打到想要的位置。"

3）中国第一台磁共振成像系统

1986年，国家计委和国家科委出资、立项，由中国科学院牵头，和一家美国公司在深圳成立了中美合资公司——安科公司。安科公司从中国几所大学抽调了十几位知名专家，开始研制中国首台MRI，并在1987年，终于研制成功第一台1500高斯永磁型磁共振仪。1988年，安科的0.15特斯拉永磁型磁共振成像系统进入市场，这标志着中国高精尖大医疗设备的生产实现了零的突破，也由此打破了国外公司MRI的垄断。

10.3.3 磁共振成像的其他用途

磁共振成像已被广泛用于化学、食品、生物学、药物鉴定等其他领域。它是目前唯一可以直接测量任意岩层内油、气、水储集特性的方法。它已成为研究有机高分子化合物结构的最主要手段。磁共振技术在20世纪70年代开始应用于研究食品组织结构、分子结合程度以及食品加工和储藏过程中的内部变化。

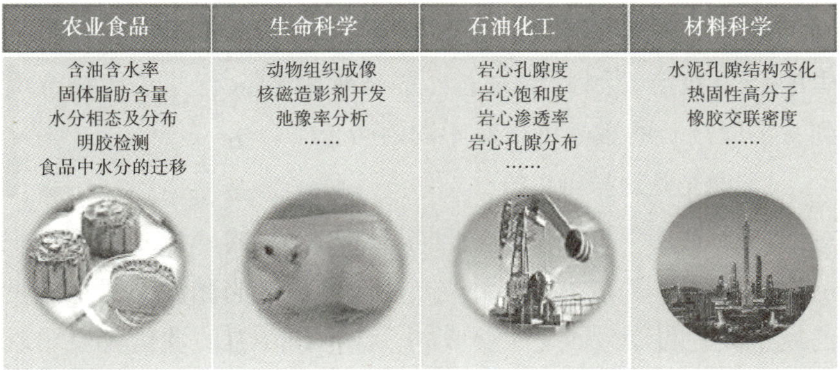

图10-16　磁共振技术在其他领域的应用

10.4　最快的刀——激光

10.4.1　“最快的刀”“最准的尺”“最亮的光”——激光

最快的刀：激光是光，所以它拥有最快的速度（光速），并且激光的能量很集中，这也让它的威力比普通的光大很多，所以激光能切割物体而普通光不能。

最准的尺：2018年1月22日晚，我国成功进行国内首次地月激光测距，误差在1米内。而在小的方面，利用强聚焦的激光束，可以在局域形成很强的势阱，把原子、粒子囚禁其中，甚至可以像镊子一样操控，称为“光镊”。

最亮的光：因为激光的光束非常集中，所以即使功率不高的激光仍可以比太阳光还要亮。如氦氖激光器射出的激光束，总功率虽然大约只相当于25瓦电灯泡发出的光的功率的千分之一，可是这个激光比太阳光还要亮。

激光也是电磁波，波长覆盖面比较广，不同的激光波长不同，常见的激光波长可以处于从紫外光200 nm到红外光5 μm中的一个数值，因此激光有些能被人看到，有些不能被人看到，不同波长的激光可以有不同的颜色。

1）激光是这样出生的

1960年，年轻的美国物理学家梅曼（TH. Maiman）发现了自然界中并不存在的一种光——激光。激光和激光器是20世纪最重大的科学发现之一。另外，1961年8月，我国第一台红宝石激光器研制成功。

激光的理论基础：爱因斯坦在1905年提出光子学说，1909年提出了光的波粒二象性，1917年提出了受激辐射的概念，并预测到光可以产生受激辐射并放大。

通俗地说，产生激光需要这样两个过程：①工作物质（如红宝石激光器里的红宝石、氦氖激光器里的氦气和氖气）受到泵浦光的激发，其原子从低能级的状态跃迁到较高能级的状态，然后由较高能级自发地回落到次高能级、再回落到低能级并释放出光子；②构造一个谐振腔，使上一步受激辐射产生的这些光在腔内来回振荡并形成驻波（注：驻波是指振幅相同的两列相干波，在同一直线上沿相反方向传播，叠加后所形成的波），以达到更好的单色性、强度和准直性。

2）激光很特别

激光是一种特殊的、自然界不存在的光。

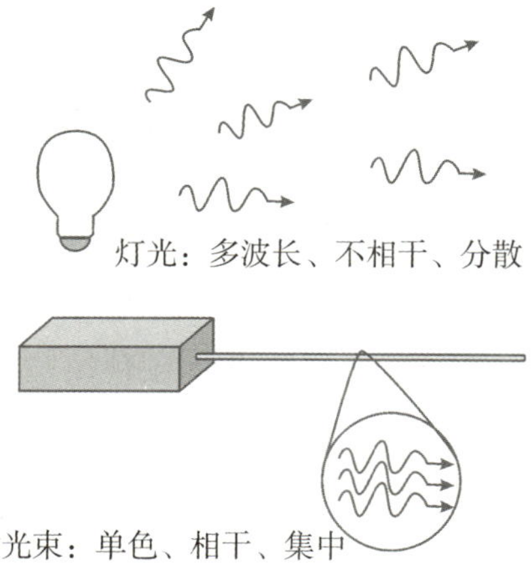

图10-17　激光和普通光

普通光：普通光向四面八方散开，亮度不高（如彩灯在阳光下也黯然失色），通常含有多种颜色的光，如太阳光由红、橙、黄、绿、青、蓝、紫等颜色的光混合而成，即使是平时看上去为单个颜色的光其实也不“纯净”，它的频率并不单一。

激光：方向一致、亮度大、单色性好。

一个形象的比喻就是把普通光比作跑马拉松，所有人方向不同、步调不同、衣服不同；而激光是仪仗队，大家方向一致、步调一致、服装统一。

3）激光的危害

激光具有指向性和单色性，能在小范围内聚集很大的能量，因此不能用激光照射人体，尤其是眼睛，因为这样会造成不可逆转的伤害。

4）趣味问答

在白色气球里面套入一个黑色气球，用皮秒激光（注：

发射一次持续时间为皮秒级别的激光）去照射白色气球，哪个气球会爆炸？答案是外面的白色气球完好无损，而里面的黑色气球会爆炸。因为激光和刀不同，它的能量只有被材料吸收才能将材料切开。这也正是激光祛斑和激光治疗眼部疾病等激光手术的原理，用特定波长的纳秒或皮秒激光照射皮肤，正常皮肤组织不吸收激光，而黑色素吸收激光并在极短时间内发热膨胀，形成微型爆破。由于激光照射的时间极短（纳秒或皮秒级别），这个热量没有时间再传导到周围正常组织细胞，所以激光能够穿透表皮层而破坏真皮层的黑色素，达到祛斑的同时不留疤。

10.4.2　激光医疗

1）为何激光可用于医疗?

激光同相位、同波长、方向性好的特点使得激光能有效传输和控制；激光能精确聚焦、选择性强，使得激光治疗精确，对周围组织损伤小。

激光刀：用激光代替手术刀进行手术，用高强度的激光照射人体组织，使细胞瞬间汽化蒸发，从而切开人体组织。激光手术的切口平滑、出血少、不易感染。

激光内窥镜：利用光纤维传输激光进入人体进行治疗。

激光凝固器：用低强度的激光照射，使细胞的水分蒸发而达到蛋白凝固的效果，如激光治疗白内障。

2）激光医疗的发展史

激光医学经历了基础研究期、临床广泛应用期和成熟期三个阶段。1961年，世界上第一台医学激光机——红宝石视网膜凝固机对剥离的视网膜进行了焊接。20世纪70年代初，激光在临床医学的应用始于眼科，并开始在临床医学的其他领域得到广泛应用。20世纪80年代，激光医疗步入成熟发展期。

10.4.3　激光医疗的最新发展

激光医学是光学技术和医学技术的结合，在科学家的不断研究下，激光未来在医疗领域仍会大放异彩。有关激光医疗的最新研究主要有下面几个方面：激光治疗、激光诊断、激光理疗。

1）激光治疗更快、更准！

“全飞秒”近视手术系统的手术精度可以达到微米级别，切口仅2毫米；而传统近视激光手术的切口是20毫米。

用激光操纵单个血管：2019年5月，《科学发展》期刊上发表了一篇文章，文章中展示了用一种激光显微镜技术，在不用活检的情况下就可以诊断和治疗包括皮肤癌在内的疾病。它是利用了多光子的高度空间局域性（光束聚焦在一个尽量小的空间）进行显微成像，并且该项技术的活体治疗实验结果喜人。这一研究成果为精准治疗提供了新的途径。

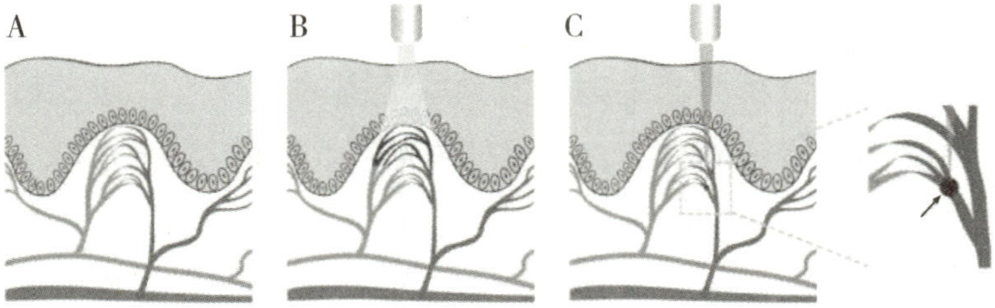

图10-18　用激光操纵单个血管

（A）治疗前。（B）在常规激光治疗后，光束照射到的血管都变性（黑色血管）。（C）对于多光子吸收的皮肤血管激光治疗，只有目标血管变性/闭合（箭头所指），其他血管和周围组织不受影响。

2）激光诊断无创、更准！

除了用于治疗，激光诊断将是激光的下一个重要发展方向。激光诊断的优势是分辨率高。

（1）激光采血仪将使人们在采血的时候告别扎针之苦。该仪器只需要病人将手指移到仪器下方，在不接触仪器的情况下实现采血，有效避免了交叉感染。它是将激光射入真皮，血液温度上升且因局部血管压强上升而喷涌出来。

（2）无创检测血糖水平：应用低功率激光束照射手指，有些激光会被血液里的血糖吸收，剩下的激光会被反射回去，通过检测反射回来的激光量就能推断血糖含量。未来他们将开发可持续监测血糖水平的可穿戴设备。

（3）激光光谱技术：据报道，德国慕尼黑大学的阿托秒物理实验室开发了一种可用于分析生物样品分子组成的激光光谱仪，在未来，这项技术有望用于癌症的早期诊断。

（4）远距离激光超声成像：该方法不是直接将声波发送到人体，而是用对人体安全的激光照射人体，由于人体吸收光能而瞬间膨胀，从而产生超声波频率范围的机械波，通过超声波检测设备检测这个声波，并由处理系统将其转换为图像。

3）激光理疗

研究人员正在研究可穿戴式激光保健治疗设备，将来也许可以研制出治疗失眠或者脱发的帽子。

10.4.4 激光还可以这样用

1）我就在你身边

激光打印机、激光笔、光纤通信、激光唱片、激光切割机、激光焊接、激光雕刻、激光打标机、激光全息成像都是激光的应用。

2）可怕的激光武器

激光武器就是用激光束直接毁伤目标或使其失效的定向能武器，激光具有光的速度，所以只要被激光武器瞄准，几乎不需要时间延迟就会立刻被摧毁。

3）X射线激光

普通激光的波长是处于红外光到紫外光的范围，如果它的波长再缩短将进入X射线的范围。X射线激光在科学研究和军事上有重要价值，可应用于激光反导弹武器，生物学家可利用它研究活组织中的分子结构和细胞机能。

（谢丽英撰写）

参考文献

[1] 赵凯华，罗蔚茵. 新概念物理教程：力学（第二版）[M]. 北京：高等教育出版社，2004.

[2] 郭硕鸿. 电动力学：第三版 [M]. 北京：高等教育出版社，2008.

[3] 刘家明，江俊勤. 狭义相对论中运动物体的视觉形象分析 [J]. 大学物理，2017，36（7）：21–24.

[4] 李晓卫. 论高速运动物体的视觉像 [J]. 大学物理，1994，13（7）：1–4.

[5] TERRELL J. Invisibility of the Lorentz contraction [J]. Physical Review，1959，116（4）：1041–1045.

[6] 胡望雨. 高速运动物体的表观长度和Terrell 转动 [J]. 大学物理，1985，4（1）：21–23.

[7] WEISSKOPF V F. The visual appearance of rapidly

moving objects [J]. Physics Today, 1960, 13 (9) : 24–27.

[8] MUSSER G. 幽灵般的超距作用 [M]. 梁焰，译. 北京：人民邮电出版社，2017.

[9] 王丽丽，贾城. 巨磁阻效应研究的最近进展 [J]. 哈尔滨师范大学自然科学学报，2005，21 (1) : 48–50.

[10] 钟喜春，曾德长，魏兴钊，等. 巨磁电阻材料的研究与应用 [J]. 金属功能材料，2002，9 (3) : 5–8.

[11] 黄存新，李建保，雷牧云，等. 中波红外光学材料的研究现状和发展趋势 [J]. 人工晶体学报，2003，32 (3) : 276–281.

[12] 杨培志，刘黎明，张小文，等. 长波红外光学材料的研究进展 [J]. 无机材料学报，2008，23 (4) : 641–646.

[13] 缪家鼎. 红外光学史简述 [J]. 光的世界，1993 (2) : 15–16.

[14] 张志坚. 红外光学材料的现状与发展 [J]. 云南冶金，2000，29 (5) : 35–41.

[15] 苏旭，刘涛，张刚，等. 中红外波段二阶非线性光学晶体材料研究进展 [J]. 无机化学学报，2006，22 (7) : 1163–1169.

[16] 张龙，陈雷，等. 中红外玻璃材料发展及前沿应用 [J]. 光学学报，2011，31 (9) : 1–9.

[17] 杨军，张恩昊，郭志恒，等. 全球核能科技前沿综述 [J]. 科技导报，2020，38 (20) : 35–49.

[18] 陈思富，黄子平，石金水. 带电粒子加速器的基本

类型及其技术实现［J］. 强激光与粒子束，2020，32（4）：1–17.

［19］童诗白. 模拟电子技术基础［M］. 北京：高等教育出版社，2006.

［20］侯海亭，康存勇，李南极. 智能手机维修从入门到精通：第2版［M］. 北京：清华大学出版社，2017.

［21］刘锡轩，丁恒. 计算机基础［M］. 北京：清华大学出版社，2012.

［22］尚文倩. 人工智能［M］. 北京：清华大学出版社，2017.

［23］江晓林，杨明极. 通信原理［M］. 哈尔滨：哈尔滨工业大学出版社，2010.

［24］严晓华，包晓蕾. 现代通信技术基础：第3版［M］. 北京：清华大学出版社，2019.

［25］杨槐. 无线通信技术［M］. 重庆：重庆大学出版社，2015.

［26］孙学康，张金菊. 光纤通信技术：第4版［M］. 北京：人民邮电出版社，2016.

［27］王毅. 物联网技术及应用［M］. 北京：国防工业出版社，2011.

［28］郭伟. 超声检测［M］. 北京：机械工业出版社，2014.